谁说菜鸟不会
数据分析
（Python篇）

方小敏 张文霖 著

Publishing House of Electronics Industry
北京·BEIJING

电子工业出版社
Publishing House of Electronics Industry
北京·BEIJING

内容简介

本书从解决工作实际问题出发，提炼总结工作中 Python 常用的数据处理、数据分析实战方法与技巧。本书力求通俗易懂地介绍相关知识，在不影响学习理解的前提下，尽可能地避免使用晦涩难懂的 Python 编程、统计术语或模型公式。

本书定位是带领 Python 数据分析初学者入门，并能解决学习、工作中大部分的问题或需求。入门后如还需要进一步进阶学习，可自行扩展阅读相关书籍或资料，学习是永无止境的，正所谓"师傅领进门，修行在个人"。

未经许可，不得以任何方式复制或抄袭本书之部分或全部内容。
版权所有，侵权必究。

图书在版编目（CIP）数据

谁说菜鸟不会数据分析. Python 篇 / 方小敏，张文霖著. —北京：电子工业出版社，2019.6
ISBN 978-7-121-36458-7

Ⅰ. ①谁… Ⅱ. ①方… ②张… Ⅲ. ①表处理软件②软件工具—程序设计 Ⅳ. ① TP391.13 ② TP311.561

中国版本图书馆 CIP 数据核字（2019）第 085523 号

责任编辑：张月萍
印　　刷：北京虎彩文化传播有限公司
装　　订：北京虎彩文化传播有限公司
出版发行：电子工业出版社
　　　　　北京市海淀区万寿路 173 信箱　　邮编：100036
开　　本：720×1000　1/16　　印张：14.75　　字数：306.8 千字　　彩插：1
版　　次：2019 年 6 月第 1 版
印　　次：2022 年 2 月第 5 次印刷
定　　价：69.00 元

凡所购买电子工业出版社图书有缺损问题，请向购买书店调换。若书店售缺，请与本社发行部联系，联系及邮购电话：（010）88254888，88258888。
质量投诉请发邮件至 zlts@phei.com.cn，盗版侵权举报请发邮件至 dbqq@phei.com.cn。
本书咨询联系方式：（010）51260888-819，faq@phei.com.cn。

前　言

《谁说菜鸟不会数据分析》系列图书自上市以来，已拥有数十万读者与粉丝，口口相传，成为职场人士案头必备的参考用书。同时非常荣幸地获得书刊发行业协会授予的"全行业优秀畅销品种"称号，这离不开广大读者的厚爱与支持。有读者告诉我们，每次阅读都会有新的体会与收获，这让我们很开心。

随着云计算、互联网、电子商务和物联网的飞速发展，世界已经逐步迈入大数据时代。数据分析、机器学习等数据科学技术也相应流行起来，主流的数据科学技术，都将 Python 作为主要的计算工具。Python 越来越被大家熟悉和认可，成为数据分析师的新宠儿，特别是在互联网行业。

市面上 Python 数据分析的相关书籍基本上多数由 IT 人员编写，写作角度相对侧重技术层面，很多基础知识点和编写的代码并无详细介绍，并且在数据分析思维体系方面相对薄弱，学习门槛非常高，让非 IT 专业朋友学起来较为痛苦。

鉴于此，本书作者于 2015 年开始提炼总结工作中 Python 常用的数据处理、数据分析实战方法与技巧，并录制成了视频课程《Python 数据分析实战》，发布于网易云课堂。课程上线后，受到了大量学员的支持与肯定。同时，课程上线后，根据热心学员的宝贵反馈意见，对课程不断进行升级更新。

通过《Python 数据分析实战》视频课程的录制、升级过程中，沉淀了大量的Python 数据分析实战教学经验。同时大量的学员与读者不断来信咨询希望早日出版《谁说菜鸟不会数据分析（Python 篇）》。经过两年时间的打磨，这本书终于与读者见面了。整个写作过程是艰辛的，但是也很有成就感。

本书从解决工作实际问题出发，提炼总结工作中 Python 常用的数据处理、数据分析实战方法与技巧。本书与其他《谁说菜鸟不会数据分析》系列图书一样，力求通俗易懂地介绍相关知识，在不影响学习理解的前提下，尽可能地避免使用晦涩难懂的Python 编程、统计术语或模型公式，如需了解相关的知识，可查阅相关的书籍或资料。

本书的定位是带领 Python 数据分析初学者入门，并能解决学习、工作中大部分的问题或需求。入门后如还需进一步进阶学习，可自行扩展阅读相关书籍或资料，学习是永无止境的，正所谓"师傅领进门，修行在个人"。

本书结构

本书以数据分析主要流程为主线，介绍如何用 Python 进行数据分析。

第 1 章　数据分析概况：主要通过 2W1H 模型介绍数据分析相关知识，让读者了解与认识数据分析。

第 2 章　Python 概况：主要介绍了什么是 Python，Python 的特点，Python 的函数与模块，Python 的使用场景，以及 Anaconda 的安装与使用，让读者了解与认识Python。

第 3 章　编程基础：主要介绍了 Python 进行数据分析所需要的编程基础，包括数据类型、赋值和变量、数据结构、向量化运算、for循环，让读者对Python在数据分析方面的使用有基本的了解与认识。

第4章　数据处理： 主要介绍了在Python中如何使用Pandas进行数据处理操作，包括数据导入与导出、数据清洗、数据转换、数据抽取、数据合并、数据计算，让读者能够使用Python进行常用的数据处理操作。

第5章　数据分析： 主要介绍了在Python中如何使用Pandas、sklearn进行相关的数据分析操作，包括描述统计分析、分组分析、结构分析、分布分析、交叉分析、RFM分析、矩阵分析、相关分析、回归分析等常用分析方法，让读者能够使用Python进行常用的数据分析操作。

第6章　数据可视化： 主要介绍了在Python中如何使用matplotlib.pyplot进行常用的数据可视化图形绘制，包括散点图、矩阵图、折线图、饼图、柱形图、条形图，让读者能够使用Python进行常用的数据可视化图形绘制。

本书主要基于Python 3进行介绍，故部分方法可能在Python 2中无法实现。

适合人群

- ★ 需要提升自身竞争力的职场新人。
- ★ 从事咨询、研究、分析等专业人士。
- ★ 在市场营销、产品运营、项目管理、开发运维等工作中需要进行数据分析的人士。

案例数据下载

本书配套案例数据下载方式：

（1）扫码关注微信订阅号：小蚊子数据分析（wzdata），回复"1"或"Python篇"获取案例数据下载链接

（2）http://blog.sina.com.cn/xiaowenzi22

致谢

感谢广大读者与学员的支持，让笔者下定决心写这本书。在此要衷心感谢成都道然科技有限责任公司的姚新军先生，感谢他的提议和在写作过程中的支持。感谢参与本书优化的朋友：王斌、李伟、范霈璐、李萍、王晓、景小艳、余松。非常感谢本书的插画师朴提的辛苦劳动，您的作品也让本书增色不少。

感谢沈浩、张文彤、路人甲、黄成明、阿橙、许树淮、肖晓、严婷、刘志军、崔庆才、齐德胜、数据小人、郑来轶、李舰、gashero、肖凯、郑跃平等书评作者，感谢他们在百忙之中抽空阅读书稿，撰写书评，并提出宝贵意见。

最后，要感谢两位作者的家人，感谢他们默默无闻的付出，没有他们的理解与支持，同样也没有本书。

尽管我们对书稿进行了多次修改，仍然不可避免地会有疏漏和不足之处，敬请广大读者批评指正，我们会在适当的时间进行修订，以满足更多人的需要。

业内人士的推荐（排名不分先后，以姓氏拼音排序）

本书更是为非专业人士提供了应用 Python 进行数据处理的入门途径。在示例和引用的第三方库方面，本书更靠近入门者的习惯，而非专家习惯，使得入门数据分析的过程更加平滑而减少挫折，同时也避免了很多入门者常见的学了 Python 却不知道怎么用的难题。在努力降低入门门槛的同时，也没有避开一些常见的难点，比如数据清洗和多种输入输出文件类型的支持，使得本书避免成为一本纯入门的书籍。

gashero
Python 技术专家

本书将 Python 数据分析相关的模块和分析理论相结合，深入浅出地向读者阐述数据分析方法论，无论是对刚入门的业界新手，还是有经验的职场人士，都是工作学习中不可多得的一位良师益友。

阿橙
"Python 中文社区"微信公众号主理人

Python 现在已经成为数据分析的一大利器，本书从实战出发讲解了一系列使用 Python 进行数据分析的必备知识点，书中案例附有详细的案例图示和代码说明，以帮助读者更好地学习和理解。

崔庆才
《Python 3 网络爬虫开发实战》作者

读完本书，你会发现数据分析的乐趣，它并不是那么枯燥，数据背后的故事简直是太有意思了。从此你将发现：无论是新闻媒体，还是企业报表中的数字将不再孤独，因为他们在那里，在和你说着话！祝愿大家早日练就一颗数据分析的"芯"！

黄成明
《数据化管理》作者，数据化管理顾问及培训师

由浅入深、循循善诱，是一本真正站在数据分析角度的 Python 书籍。

李舰
《统计之美》作者，统计之都核心成员

>> 谁说菜鸟不会数据分析（Python篇）

这是一本对初学者非常友好的书，它将带你开启数据分析之旅。

刘志军

"Python之禅"微信公众号主理人

两年前开始学习数据分析，因为《谁说菜鸟不会数据分析》而入门，这本书对我的影响非常大。书中的各种数据分析案例生动形象，让初学者学习起来没有丝毫的压力。《谁说菜鸟不会数据分析（Python篇）》这本书仍然延续了系列书的风格，对于希望入门数据分析、想系统学习数据分析方法论的同学来说是一本非常值得一读的书。

路人甲

"路人甲TM"微信公众号主理人

这是一本非常适合初学者入门的书，书中既讲解了数据分析的思路和统计学的基础知识，又提供了丰富的案例，将方法与应用紧密联系起来，还有详细的可实现的代码供读者练习。另外，这本书不仅可以作为初学者入门之选，其函数涉及之全面、参数介绍之详细，完全可以作为日常学习工作中的工具书来随时查看，是一本数据分析师的"必备宝典"！

齐德胜

中国气象局华风集团 – 华风象辑 研发副总监

当谈到用数据解决问题时，我经常用这样的语言去诠释："如果你不能量化它，你就不能理解它，如果不理解它，就不能控制它，不能控制它，也就不能改变它"。数据无处不在，信息时代的主要特征就是"数据处理"，数据分析正以我们从未想象过的方式影响着日常生活。

在知识经济与信息技术时代，每个人都面临着如何有效地吸收、理解和利用信息的挑战。那些能够有效利用工具从数据中提炼信息、发现知识的人，最终往往成为各行各业的强者！

这本书向我们清晰又友好地介绍了数据分析方法、技巧与工具，欢迎来读一读这本书，或许会给你带来更大的惊喜！

沈浩教授

中国传媒大学新闻学院博士生导师，

中国传媒大学调查统计研究所所长，

大数据挖掘与社会计算实验室主任，

中国市场研究协会会长

业内人士的推荐（排名不分先后，以姓氏拼音排序）

数据分析用 Python，学分析工具 Python，用好本书就够了，基础知识、方法、流程、案例，应有尽有。

数据小人
腾讯高级数据分析师，连续创业者

市面上有很多面对初学者的 Python 书籍，大多数偏向于介绍语言本身。很多时候学完了语言却不清楚下一步应该做什么，这种情况下就需要有一本能面向具体应用场景，又不是那么厚重的书来带领大家入门。本书把数据分析的细节掰开讲透，一步步地讲清楚了各参数的含义，非常细致和有章法。对于希望从 Excel 迁移到 Python 的数据分析用户来讲，这是一本不错的入门读物。

肖凯
蚂蚁金服数据技术专家

Python 语言用途广泛，很容易让初学者迷失方向。本书是新手数据分析师的指路标，Python 数据分析入门，请从这本书设定的学习路径开始。

肖晓
58 同城数据分析师

俗话说万事开头难，入门一门新的编程语言也是一件令人头痛的事。但是这本书既简洁又全面，并且简单易懂的方式重新组织了整个知识体系，让小白的 Python 入门之路更加平坦。这应该是每一位 Python 小白入门的第一本书。

许树淮
东风本田发动机有限公司 市场数据分析师

这本书基于工作中常用的数据分析实战方法与案例，通过结合 Excel、Sql 等实现类比，通俗易懂地介绍 Python 的实现方法逻辑，大大降低了学习门槛，本书堪称 Python 数据分析入门不二之选！

严婷
猎聘网 数据分析师

>> 谁说菜鸟不会数据分析（Python 篇）

统计学是一门很难，但是很有趣，更很有用的工具学科。懂得如何使用他的人总是乐在其中，而尚未入门的人则畏之如虎。国内讲述统计学理论，以及讲述统计软件操作的书籍可谓汗牛充栋，但是多数流于理论，疏于应用和实践指导。存在着明显未被满足的读者需求。

近年来随着信息技术的普及，各行各业的业务数据自动化趋势愈来愈明显，使得数据分析的需求开始从统计专业人士向各行业人员全面扩展。在此背景之下，一本能够深入浅出，从实际应用的角度介绍基本统计分析知识的书就变得很有必要。

本书在理论和实践的平衡方面做了很有价值的尝试，基于很为普及的 5W2H、PEST 等数据分析方法论为指导，深入浅出的介绍了如何满足具体工作中的常见统计分析需求，对于需要应用统计分析，但是又未接受过这方面系统培训的读者来说，本书应当是一本非常合适的数据分析入门教材。

张文彤博士

上海昊鲲企业管理咨询有限公司 合伙人

此书秉承《谁说菜鸟不会数据分析》系列图书的特点，结构有层次、内容全面、通俗易懂，一步步引导你走进数据分析的世界、手把手教你如何使用 Python 进行数据处理、数据分析和数据呈现。针对数据分析新人，是一本从了解数据分析到自己动手操作、逐步递进的好图书。

郑来轶

数据分析网创始人，JollyChic 数据分析总监

迈入大数据时代后，就理论研究和实践创新而言，Python 都已成为重要的数据分析工具。本书通过完整的结构、清晰的构思、严谨的逻辑、生动的语言，为初学者设计了一条学习和使用 Python 的有效路径。

郑跃平

中山大学政务学院助理教授

目 录

第1章 数据分析概况 /1

1.1 数据分析定义（What） /2

1.2 数据分析作用（Why） /4

1.3 数据分析步骤（How） /5
    1.3.1 明确分析目的和思路 /6
    1.3.2 数据收集 /7
    1.3.3 数据处理 /9
    1.3.4 数据分析 /9
    1.3.5 数据展现 /10
    1.3.6 报告撰写 /10

1.4 数据分析的三大误区 /12

1.5 常用的数据分析工具 /13
    1.5.1 Excel /13
    1.5.2 SPSS /14
    1.5.3 R 语言 /15
    1.5.4 Python 语言 /16

第2章 Python 概况 /17

2.1 Python 简介 /18

2.2 Python 特点 /19

2.3 Python 模块 /20
    2.3.1 函数 /20
    2.3.2 模块 /24

2.4 Python 使用场景 /27

2.5 Python 2 与 Python 3 /28

2.6 Python 与数据科学 /29

2.7 Anaconda 简介 /30

2.8 安装 Anaconda /31

    2.8.1 下载 Anaconda /31
    2.8.2 安装 Anaconda /33
 2.9 使用 Anaconda /37
    2.9.1 PyCharm 与 Spyder /37
    2.9.2 Anaconda 开始菜单 /38
    2.9.3 Spyder 工作界面简介 /39
    2.9.4 项目管理 /40
    2.9.5 代码提示 /43
    2.9.6 变量浏览 /44
    2.9.7 图形查看 /44
    2.9.8 帮助文档 /45

第 3 章 编程基础 /47

 3.1 数据类型 /48
    3.1.1 数值型 /48
    3.1.2 字符型 /50
    3.1.3 逻辑型 /56
 3.2 赋值和变量 /57
    3.2.1 赋值和变量 /57
    3.2.2 变量命名规则 /58
 3.3 数据结构 /59
    3.3.1 列表 /59
    3.3.2 字典 /63
    3.3.3 序列 /66
    3.3.4 数据框 /72
    3.3.5 四种数据结构的区别 /80
 3.4 向量化运算 /81
 3.5 for 循环 /83
 3.6 Python 编程注意事项 /87

第 4 章 数据处理 /90

 4.1 数据导入与导出 /91
    4.1.1 数据导入 /91
    4.1.2 数据导出 /99

目　　录

4.2 数据清洗 /100
　　4.2.1 数据排序 /101
　　4.2.2 重复数据处理 /102
　　4.2.3 缺失数据处理 /106
　　4.2.4 空格数据处理 /109

4.3 数据转换 /110
　　4.3.1 数值转字符 /110
　　4.3.2 字符转数值 /112
　　4.3.3 字符转时间 /113

4.4 数据抽取 /115
　　4.4.1 字段拆分 /116
　　4.4.2 记录抽取 /121
　　4.4.3 随机抽样 /127

4.5 数据合并 /130
　　4.5.1 记录合并 /130
　　4.5.2 字段合并 /133
　　4.5.3 字段匹配 /135

4.6 数据计算 /140
　　4.6.1 简单计算 /140
　　4.6.2 时间计算 /141
　　4.6.3 数据标准化 /142
　　4.6.4 数据分组 /144

第 5 章　数据分析 /148

5.1 对比分析 /149

5.2 基本统计分析 /152

5.3 分组分析 /155

5.4 结构分析 /158

5.5 分布分析 /159

5.6 交叉分析 /162

5.7 RFM 分析 /164

5.8 矩阵分析 /172

5.9 相关分析 /175

5.10 回归分析 /177
    5.10.1 回归分析简介 /177
    5.10.2 简单线性回归分析 /179
    5.10.3 多重线性回归分析 /184

第 6 章 数据可视化 /189

6.1 数据可视化简介 /190
    6.1.1 什么是数据可视化 /190
    6.1.2 数据可视化常用图表 /190
    6.1.3 通过关系选择图表 /191

6.2 散点图 /192

6.3 矩阵图 /203

6.4 折线图 /210

6.5 饼图 /215

6.6 柱形图 /217

6.7 条形图 /222

第 1 章

数据分析概况

21 世纪是一个数据信息爆炸性增长的时代,随着云计算、互联网、电子商务和物联网的飞速发展,世界已经逐步迈入大数据时代。数据分析在各个行业的应用越来越广泛,与之相应的是,决策也将会越来越依靠数据分析做出,而不是依靠个人直觉和经验。

> *If you can't measure it, you can't manage it.*
>
> —— Peter F. Drucker

管理学大师彼得·德鲁克曾经说过:如果你无法衡量它,就无法管理它,这其实说的就是数据分析。那么数据分析究竟是什么呢?我们可以使用 2WIH 模型解答这个问题,也就是 What——数据分析是什么? Why——数据分析有什么用? How——数据分析如何做?

1.1 数据分析定义(What)

数据分析的目的是把隐藏在一大批看似杂乱无章的数据背后的信息集中和提炼出来,总结出所研究对象的内在规律。数据也称观测值,是通过实验、测量、观察、调查等方式获取的结果,常常以数量的形式展现出来。

在实际工作当中,数据分析能够帮助管理者进行判断和决策,以便采取适当的策略与行动。例如,公司管理者希望通过市场分析和研究,把握当前产品的市场动向,从而制订合理的产品研发和销售计划,这就必须依赖数据分析才能完成。

数据分析可以分为广义的数据分析和狭义的数据分析(如图 1-1 所示),广义的数据分析包括狭义的数据分析和数据挖掘,我们常说的数据分析通常指的是狭义的数据分析。

图 1-1 数据分析分类

1. 数据分析(狭义)

(1)定义:数据分析是指根据分析目的,用适当的分析方法及工具,对数据进行

第1章 数据分析概况

处理与分析,提取有价值的信息,形成有效结论的过程(参见图 1-2)。

(2)作用:它主要实现三大作用,分别是现状分析、原因分析、预测分析,这里的预测分析主要是指数值预测分析。数据分析的目标明确,先做假设,然后通过数据分析来验证假设是否正确,从而得到相应的结论。

(3)方法:主要采用对比分析、分组分析、结构分析、分布分析、交叉分析、矩阵分析、回归分析等常用分析方法。

(4)结果:数据分析一般是得到一个指标统计量结果,如总和、平均值、计数等,这些指标数据需要与业务结合进行解读,才能发挥出数据的价值与作用。

项目	数据分析	数据挖掘
定义	指根据分析目的,用适当的分析方法及工具,对数据进行处理与分析,提取有价值的信息,形成有效结论的过程	从大量的数据中,通过统计学、机器学习、数据可视化等方法,挖掘出未知且有价值的信息和知识的过程
作用	现状分析、原因分析、预测分析	解决四类问题:分类、聚类、关联、预测
方法	对比分析、分组分析、结构分析、分布分析、交叉分析、矩阵分析、回归分析等	决策树、神经网络、关联规则、聚类分析、时间序列分析等
结果	指标统计量结果,如总和、平均值等	输出模型或规则

图 1-2 数据分析与数据挖掘

2. 数据挖掘

(1)定义:数据挖掘是指从大量的数据中,通过统计学、机器学习、数据可视化等方法,挖掘出未知且有价值的信息和知识的过程,如图 1-3 所示。

图 1-3 数据挖掘相关方法

(2)作用:数据挖掘主要侧重解决四类问题,分别是分类、聚类、关联和预测,数据挖掘的重点在于寻找未知的模式与规律。例如我们常说的数据挖掘案例:啤酒与尿布、安全套与巧克力等,这就是事先未知但又是非常有价值的信息。

（3）方法：主要采用决策树、神经网络、关联规则、聚类分析、时间序列分析等涉及统计学、机器学习等相关领域的方法进行挖掘。

（4）结果：输出模型或规则，并且可相应得到模型得分或标签，模型得分如流失概率值、综合得分、相似度、预测值等，标签如流失与非流失、高中低价值用户、信用优良中差等。

综合起来，数据分析（狭义）与数据挖掘的本质是一样的，都是从数据里面发现关于业务的知识（有价值的信息），从而帮助业务运营、改进产品以及帮助企业做更好的决策。所以数据分析（狭义）与数据挖掘构成广义的数据分析。本书后续所说的数据分析均指狭义的数据分析。

1.2 数据分析作用（Why）

那么数据分析在我们日常运营分析工作中具体有哪些作用呢？体现在哪几方面呢？

数据分析要达到帮助管理者的有效决策提供有价值信息的目的，那么我们在日常数据分析工作中该做些什么呢？比如日常通报、专题分析等，这些就是数据分析具体工作的体现。而什么时候做通报工作，什么时候开展专题分析，这都需要我们根据实际情况做出选择。很多人经常做这些工作，但不知为何而做，只是为做而做，只有当你对数据分析的目的及作用有了足够清晰、体系的正确认识后，数据分析开展才能如鱼得水，游刃有余。

数据分析在我们日常运营分析工作中主要有三大作用，如图1-4所示。

图1-4　数据分析三大作用

1. 现状分析

简单来说就是告诉你过去发生了什么，具体体现在：

第一，告诉你企业现阶段的整体运营情况，通过各个经营指标完成情况来衡量，以说明企业整体运营是好了还是坏了，好的程度如何，坏的程度又到哪里。

第二，告诉你企业各项业务构成、发展情况，对企业运营情况有更深入的了解。

现状分析一般通过日常通报来完成，如日报、周报、月报等日常通报形式。

2. 原因分析

简单来说就是告诉你为什么发生了。

经过第一阶段的现状分析，对企业的运营情况有了基本了解，但不知道运营情况具体好在哪里，差在哪里，是什么原因引起的。这时就需要开展原因分析，以进一步确定业务变动的具体原因。

例如 2019 年 2 月运营收入环比 2019 年 1 月运营收入下降 5%，是什么原因导致的呢？是各个业务收入都出现下降，还是个别业务收入下降引起的？是各个地区业务收入都出现下降，还是个别地区业务收入下降引起的？这就需要我们开展原因分析，进一步确定收入下降的具体原因，以便运营策略做出调整与优化。

原因分析一般通过开展专题分析来完成此项工作，根据企业自身运营情况选择是否开展专题的原因分析。

3. 预测分析

简单来说就是告诉你将来会发生什么。

在了解企业运营现状后，有时还需要对企业未来发展趋势做出预测，为制定企业运营目标及策略提供有效的决策参考依据，以保证企业的可持续健康发展。

预测分析一般通过专题分析开展来完成此项工作,预测分析一般在制定企业季度、年度等计划时开展，开展频率没有现状分析及原因分析频率高。

只有清晰、体系地正确认识数据分析，了解数据分析能为我们带来何等价值，我们才能更好地利用数据分析这个工具，为运营工作提供重要支撑，发挥数据分析的最大价值。

1.3 数据分析步骤（How）

数据分析步骤主要包括了六个既相对独立又互有联系的阶段，它们是：明确分析目的和思路、数据收集、数据处理、数据分析、数据展现、报告撰写这六步，如图 1-5 所示。

图 1-5 数据分析六步

1.3.1 明确分析目的和思路

1. 明确分析目的

做任何事都要有个目的，数据分析也不例外，如图1-6所示。开展数据分析之前，需要想想为什么要开展数据分析，通过这次数据分析需要解决什么问题。数据分析师对这些问题都要了然于心。

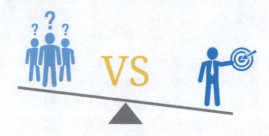

图1-6　明确分析目的

如果做分析时目的不明确，从而导致分析过程非常盲目，可能就会在用什么样的分析方法、做多少张图表、需要多少文字说明、报告要写多少页等问题上纠结。如果目的明确，那所有问题自然就迎刃而解了。例如，数据分析师是不会考虑"需要多少张图表"这样的问题的，而是思考这个图表是否有效地表达了观点。

只有明确数据分析的目的，数据分析才不会偏离方向，否则得出的数据分析结果不仅没有指导意义，甚至可能将决策者引入歧途，后果严重。

2. 确定分析思路

当分析目的明确后，就要梳理分析思路，并搭建分析框架，需要把分析目的分解成若干个不同的分析角度，也就是说要达到这个目的，应如何具体开展数据分析？需要从哪几个角度进行分析？采用哪些分析指标？采用哪些分析方法？

只有明确了分析目的，分析框架才能跟着确定下来，然后可以在分析框架的基础上进一步细化成分析要点与指标，以及确定所采用的数据分析方法，最后还要确保分析框架的体系化，以确保分析结果具有说服力。

体系化也就是逻辑化，简单来说就是先分析什么，后分析什么，使得各个分析点之间具有逻辑关系。这也是很多朋友常常感到困扰的问题，比如经常不知从哪方面入手，分析的内容和指标常常被质疑是否合理、完整，而自己也说不出个所以然来，所以体系化就是为了让你的分析框架具有说服力。

如何确定分析思路？如何使分析框架体系化？如何有说服力呢？可以以营销、管理等理论为指导，结合实际业务情况，搭建分析框架，这样才能确保数据分析维度的完整性，分析结果的有效性及正确性。

第1章 数据分析概况

营销方面的理论模型有 4P、用户使用行为、STP、SWOT 等，而管理方面的理论模型有 PEST、5W2H、生命周期、逻辑树、金字塔、SMART 原则等。这些都是经典的营销、管理方面的理论，需要在工作中不断实践应用，你才能体会其强大的作用。

例如进行互联网行业分析，可以使用 PEST 理论为指导，搭建的互联网行业 PEST 分析框架，如图 1-7 所示。确定从政治、经济、社会、技术这四个角度进行分析，然后继续在分析框架的基础上进一步细化为分析要点与分析指标，使数据分析变得有血有肉有脉络，真正做到理论指导实践。

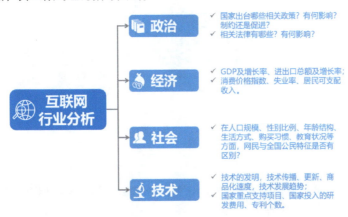

图 1-7 互联网行业 PEST 分析框架

明确数据分析目的以及确定分析思路，是确保数据分析过程有效进行的先决条件，它可以为数据收集、处理以及分析提供清晰的指引方向。

1.3.2 数据收集

数据收集，也称为数据准备，它是按照确定的数据分析框架，收集相关数据的过程，它为数据分析提供了素材和依据。这里所说的数据包括第一手数据与第二手数据，第一手数据主要指可直接获取的数据，第二手数据主要指经过加工整理后得到的数据。一般数据来源主要有以下几种方式，如图 1-8 所示。

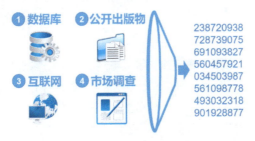

图 1-8 数据的来源

7

1. 数据库

每个公司都有自己的业务数据库，包含从公司成立以来产生的相关业务数据。数据库就是一个庞大的数据资源，需要有效地利用起来。

2. 公开出版物

公开出版物包括《中国统计年鉴》《中国社会统计年鉴》《中国人口统计年鉴》《世界经济年鉴》《世界发展报告》等统计年鉴或报告，如图 1-9 所示。

图 1-9 公开出版物

3. 互联网

随着互联网的发展，网络上发布的数据越来越多，特别是搜索引擎可以帮助我们快速找到所需要的数据，如图 1-10 所示。例如国家及地方统计局网站、行业组织网站、政府机构网站、传播媒体网站、大型综合门户网站等上面都可能有我们需要的数据。

图 1-10 互联网数据

另外，还可以通过网络爬虫技术对网络数据进行抓取，例如对电商网站的商品名称、商品 ID、价格、商品型号、用户评论、商品图片、介绍视频等都可以通过网络爬虫技术进行批量抓取。

4. 市场调查

进行数据分析时，需要了解用户的想法与需求，但是通过以上三种方式获得此类数据会比较困难，因此可以尝试使用市场调查的方法收集用户的想法和需求数据，如图 1-11 所示。市场调查就是指运用科学的方法，有目的、有系统地收集、记录、整理有关市场营销的信息和资料，分析市场情况，了解市场现状及其发展趋势，为市场预测和营销决策提供客观、正确的数据资料。

第1章 数据分析概况

图 1-11 市场调查

市场调查可以弥补其他数据收集方式的不足,但进行市场调查所需的费用较高,而且会存在一定的误差,故仅作参考之用。

1.3.3 数据处理

数据处理是指根据数据分析的目的,将收集到的数据进行加工、整理,形成适合数据分析的样式,它是数据分析前必不可少的阶段。数据处理的基本目的是从大量的、可能杂乱无章、难以理解的数据中抽取并推导出对解决问题有价值、有意义的数据。

数据处理主要包括数据清洗、数据转化、数据抽取、数据合并、数据计算等处理方法,如图 1-12 所示。一般拿到手的数据都需要进行一定的处理才能用于后续的数据分析工作,即使再"干净"的原始数据也需要先进行一定的处理才能使用。

图 1-12 数据处理

1.3.4 数据分析

数据分析是指用适当的分析方法及工具,对收集来的数据进行分析,提取有价值的信息,形成有效结论的过程,如图 1-13 所示。

图 1-13 数据分析

在确定数据分析思路阶段，数据分析师就应当为需要分析的内容、指标确定适合的数据分析方法，到了这个阶段，就能够驾驭数据从容地进行分析与研究。

由于数据分析多是通过工具来完成的，这就要求数据分析师不仅要掌握对比分析、分组分析、结构分析、分布分析、交叉分析、矩阵分析、回归分析等常用分析方法，还要熟悉常用数据分析工具的操作，如 Excel、SPSS、R、Python 等。

1.3.5 数据展现

众所周知，每个人看待事物都有自己的理解方式，所以数据分析师在展现结果的时候一定要保证与绝大部分人的理解是一致的。

一般情况下，数据是通过表格和图形的方式来呈现的，我们常说用图表说话就是这个意思，也称为数据展现、数据可视化。常用的数据图表包括饼图、柱形图、条形图、折线图、散点图、雷达图等，当然可以对这些图表进一步整理加工，使之成为所需要的图形，例如金字塔图、矩阵图、漏斗图、帕雷托图等，如图 1-14 所示。

图 1-14 数据展现

大多数情况下，人们更愿意接受图形这种直观的数据展现方式，因为它能更加有效、直观地传递出分析师所要表达的观点。在一般情况下，能用图说明的问题，就不用表格，能用表格说明的问题，就不用文字。

1.3.6 报告撰写

数据分析报告其实是对整个数据分析过程的一个总结与呈现，如图 1-15 所示。通过报告，把数据分析的起因、过程、结果及建议完整地呈现出来，以供决策者参考。所以数据分析报告是通过对数据全方位的科学分析来评估企业运营质量，为决策者提供科学、严谨的决策依据，以降低企业运营风险，提高企业核心竞争力。

第1章 数据分析概况

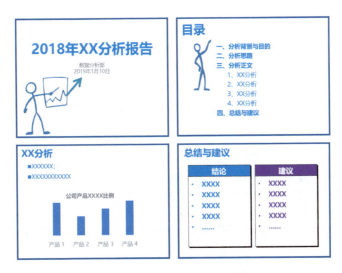

图1-15 数据分析报告示例

1. 分析框架结构化

一份好的分析报告,首先需要有一个好的分析框架,并且图文并茂,层次明晰,能够让阅读者一目了然。

★ 结构清晰、主次分明可以使阅读者正确理解报告内容,并且通俗易懂,不要创造太多难懂的名词。

★ 图文并茂,可以令数据更加生动活泼,提高视觉冲击力,有助于阅读者更形象、直观地看清楚问题和结论,从而产生思考。

2. 结论明确化

分析报告需要有明确的结论,结论是基于现状通过对比,并结合实际业务情况推论得到的结果,对事物做出的总结性判断,如图1-16所示。没有明确结论的分析称不上分析,同时也失去了报告的意义,因为最初就是为寻找或者求证一个结论才进行分析的,所以千万不要舍本逐末。

图1-16 结论形成过程

11

3. 建议、解决方案业务化

最后，好的分析报告一定要有建议或解决方案，作为决策者，需要的不仅仅是找出问题，更重要的是提出建议或解决方案，以便决策者在决策时参考。所以，数据分析师不仅需要掌握数据分析方法，而且还要了解和熟悉业务，这样才能根据发现的业务问题，提出具有可行性的建议或解决方案。好的分析一定是出自于对产品和运营的透彻理解。

1.4 数据分析的三大误区

在实际的学习、工作中，常常有数据分析人员陷入一些误区，需要注意。

1. 分析目的不明确，为分析而分析

经常有人问写报告要用多少图，除了摆数据，还需要说些什么。这些都是菜鸟常见问题。数据分析不应为了分析而分析，而是应该围绕你的分析目的（了解现状、业务变动原因、发展预测等）进行分析。

只有对自己的目的有清晰的认识，你才知道要怎样去实现这个目的，需要通过哪些图表展现，这些图表是否能反映问题，进而自然而然地进行相应的问题分析，而不是连该说些什么都不知道。

2. 缺乏业务知识，分析结果偏离实际

目前现有的数据分析师大多是统计学、计算机、数学等专业出身，由于缺乏从事营销、管理方面的工作经验，对业务的理解相对较浅，对数据的分析偏重于数据分析方法的使用，如回归分析、相关分析等。

有公司老板抱怨手下的数据分析师每天给他看几十个零散数据，虽然做出的报告很专业，图表也很漂亮，但所做的分析缺乏业务逻辑上的关联性，得不到全面、综合性的结论。

在企业中所做的数据分析不是纯数据分析，而是需要多从业务方面进行分析，不应停留在数据表面，要思考数据背后的事实与真相，使得分析结果更加切合实际，对老板的决策提供有力的支撑，否则就是纸上谈兵。

所以说，数据分析师的任务不是单纯做数学题，数据分析师还必须懂业务、懂营销、懂管理，更要懂策略。

3. 一味追求使用高级分析方法，热衷研究模型

在进行数据分析时，相当一部分人都喜欢用回归分析、因子分析等高级分析方法，总认为有分析模型就是专业的，只有这样才能体现专业性，结果才是可信的。

第1章 数据分析概况

其实不然,高级的数据分析方法不一定是最好的,能够简单有效解决问题的方法才是最好的。

我们坚信,仅有分析模型是远远不够的,围绕业务发现问题并解决问题才是数据分析的最终目的!只要能够解决业务问题,不论是高级的分析方法还是简单的分析方法,都是好方法。

1.5 常用的数据分析工具

工欲善其事,必先利其器。熟练掌握一个数据分析工具可以让你事半功倍,提高学习、工作效率。数据分析工具有多种,它们的使用都离不开数据获取、数据处理、数据分析、数据展现这几方面,正所谓万变不离其宗。常用的数据分析工具如 Excel、SPSS、R、Python 等,每款都有自身的特点,我们应该使用它们的特点与长处,解决工作中业务的各种问题。

1.5.1 Excel

Excel 是日常工作中最常用的一款工具(如图 1-17 所示),它是 Microsoft 公司的一款电子表格软件,拥有直观的界面、出色的计算功能和图表工具,是目前最流行的数据处理、分析工具。它可以进行各种数据处理、数据分析和数据可视化,甚至也可以用于报告撰写,广泛地应用于运营、管理、分析、财务、金融等众多领域,它的特点就是简单、易用。

图 1-17 Excel

Excel 在数据分析方面的优势如下。

1. 操作简便

Excel 采用 Windows 风格界面,操作界面友好简便,数据录入、编辑、存储简单方便,无须编程,大多数数据处理、分析可通过菜单、对话框、函数等来完成,进而得到需要的结果,非专业人士就能快速上手。

2. 功能实用

提供多种实用的数据处理、数据分析、数据可视化功能，并且可以与 PPT、Word 报告撰写工具较好地融合。

有优势，也有劣势，Excel 在数据分析方面的劣势如下。

1. 数据存储有限

xlsx 文件格式最多存储 1048576 行数据，如果要存储更多的数据，就需要使用数据库或者其他格式的数据文件，例如 txt、csv 等文本文件。

2. 计算速度待提高

处理 Excel 数据量过大时，计算的速度会明显下降，例如处理几十万条以上数据时，使用 Excel 计算就有些吃力了，当然与计算机的配置、性能也有很大的关系。

3. 高级分析方法有限

Excel 提供了常用的数据分析功能，但在统计分析、数据挖掘方面，Excel 显得相对薄弱。例如，在一般情况下，Excel 无法运用聚类分析、因子分析、时间序列、决策树、关联规则、神经网络等，这些还是需要使用专业的统计分析、数据挖掘软件。

1.5.2 SPSS

SPSS 是由美国斯坦福大学的三位研究生于 1968 年一起开发的一个统计软件包（参见图 1-18），SPSS 是该软件英文名称的首字母缩写，原意为"Statistical Package for the Social Sciences"，即"社会科学统计软件包"。

图 1-18 SPSS

2010 年，SPSS 公司被 IBM 公司并购，软件也相应更名为 IBM SPSS Statistics。SPSS 具有以下特点。

1. 操作简便

SPSS 的操作界面友好简便，采用大众熟悉的 Windows 风格界面，数据视图也类似 Excel 布局。对于各种统计方法的使用，只要了解统计分析的基本原理，无须通晓

第 1 章 数据分析概况

统计的各种算法，无须编程，大多数分析只需通过菜单、对话框来操作，即可得到需要的统计分析结果，非统计专业人士也能快速上手。

2. 功能强大

SPSS 非常全面地涵盖了数据分析的主要操作流程，提供了数据获取、数据处理、数据分析、数据展现等数据分析操作。其中 SPSS 涵盖了各种统计方法与模型，从简单的描述统计分析方法到复杂的多因素统计分析方法，应有尽有。例如数据的描述性分析、相关分析、方差分析、回归分析、Logistic 回归分析、聚类分析、判别分析、因子分析、对应分析等。

3. 数据兼容

SPSS 能够导入及导出多种格式的数据文件或结果。例如 SPSS 可导入文本、Excel、Access、SAS、Stata 等数据文件，SPSS 还能够把其表格、图形结果直接导出为 Word、Excel、PowerPoint、txt 文本、pdf、html 等格式的文件。

SPSS 最主要的不足之处是其输出结果不方便直接用于数据分析报告上，虽然 SPSS 可以直接导出为 txt、doc、ppt、xls 等文档格式，但通常与我们的数据分析报告风格、要求不符，需要再次进行加工整理。

1.5.3 R 语言

R 是一种免费、自由的编程语言，所以也称为 R 语言（其 Logo 如图 1-19 所示），它由统计学家发明和发展，R 解决的问题只有一个，就是如何挖掘数据价值的问题。R 是一款强大的数据统计分析、数据可视化工具。

图 1-19　R 语言

R 在数据分析方面的优势如下。

1. 免费开源

它完全免费，开放源代码，可以在它的网站及其镜像中下载任何有关的安装程序、源代码、程序包、文档资料。标准的安装文件自身就带有许多模块和内嵌统计函数，安装好后可以直接实现许多常用的统计功能。

>> 谁说菜鸟不会数据分析（Python 篇）

2. 绘图功能强大

R 中有很多优秀的可视化包，绘制静态图可使用 ggplot2、ggmap、Lattice，绘制动态图可使用 gganimate、Remap、animation，绘制交互式图可使用 plotly、rCharts。

3. 程序包丰富

涵盖了多种行业数据分析中几乎所有的方法，截至 2019 年 2 月，CRAN 网站已有 13670 个包可供使用。

R 也有不足之处，对于无编程基础的朋友来说，R 的学习曲线是陡峭的，用户一开始可能要花相对较多的时间进行学习。一个新手可以使用 Excel、SPSS，并在几分钟内得到结果，但是使用 R 就没那么容易了。

R 在处理大型数据集时，相对 Python 来说，R 的数据处理、计算速度会相对缓慢，提升运行效率的方法除了提升计算机的配置，还可对代码进行优化。

1.5.4　Python 语言

Python 是一种免费、自由的编程语言，所以也称为 Python 语言，其 Logo 如图 1-20 所示，可以称得上既简单又功能强大的编程语言，它可用于软件、游戏、Web 开发以及运维，当然也可以应用于数据分析、数据挖掘、数据可视化等，是一款强大的数据分析、数据挖掘工具。随着人工智能技术的流行，Python 语言越来越普及。

图 1-20　Python 语言

Python 是本书使用的数据分析工具，下一章将对 Python 的特点、模块等进行详细介绍。

最后，不同的数据分析工具各有自己擅长之处，我们应该根据分析需求及各个分析工具的特点选择合适的分析工具，只要能高效、有效地解决业务问题的工具就是好工具，不用刻意追求使用 SPSS、R、Python 等高级分析工具，只在需要的时候使用，避免出现杀鸡用牛刀的情况。

第 2 章 Python 概况

>> 谁说菜鸟不会数据分析（Python 篇）

Python 是一种免费、自由的编程语言，所以也称为 Python 语言，可以称得上既简单功能又强大的编程语言，它可用于软件、游戏、Web 开发以及运维，当然也可以应用于数据分析、数据挖掘、数据可视化等，是一款强大的数据分析、数据挖掘工具。

2.1　Python 简介

Python 由荷兰人 Guido van Rossum 于 1989 年发明，第一个公开发行版发行于 1991 年，2001 年发布 Python 2，2009 发布 Python 3。截至 2019 年 5 月，Python 已经升级到 Python 3.7.3 版本。

Python 发展了这么多年，它在所有编程语言中的地位如何呢？

编程问答网站 Stack Overflow 上数据科学家 David Robinson 的一篇名为 The Incredible Growth of Python 的文章（https://stackoverflow.blog/2017/09/06/incredible-growth-python/）提到，在世界银行定义的高收入国家（包括美国、英国、德国等国家）中，Python 是访问量增长最快的主流编程语言，如图 2-1 所示。

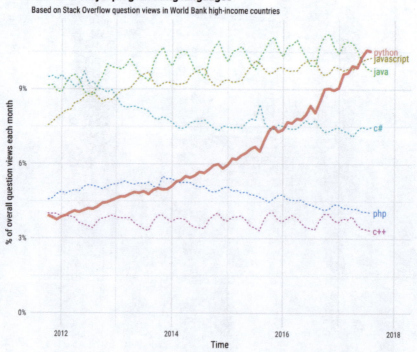

图 2-1　高收入国家主流编程语言问题访问量增长趋势图

在 Stack Overflow 上，主流编程语言如 Java、JavaScript、C#、PHP 和 C++ 的问题

访问量在过去几年里基本没有太大的变动，只有 Python 的问题访问量呈一路快速上升趋势。2017 年 6 月，Python 首次成为高收入国家问题访问量最高的标签，Python 问题访问量的年增长率达到了 27%。

Python 能够快速增长的原因主要是数据分析、机器学习的流行，主流的数据科学技术，都将 Python 作为主要工具。因此 Python 越来越被大家熟悉和认可，特别是 Python 3 的成熟，让这门语言呈现出更多的可能性。

2.2 Python 特点

Python 是集多种优点于一身的编程语言，包括简单易学、免费开源、高级语言、可移植性等几大特点。

1. 简单易学

Python 的设计哲学是优雅、明确、简单，Python 的关键字相对较少，并且结构简单，具有极其简单的语法，初学者学习 Python，很容易掌握上手。阅读一段良好的 Python 程序，你会感觉就像在阅读一篇英语文章一样舒畅。

2. 免费开源

Python 是 FLOSS(Free/Libre and Open Source Software, 自由/开放源码软件)之一。简单地说，使用者可以自由地发布使用 Python 开发的软件，也可以阅读 Python 的源代码，修改它并将它应用于新的软件中。

3. 高级语言

Python 是面向对象的高级语言，和 Java 一样，使用者不需要关心计算机的执行原理，使用 Python 编写程序时无须考虑如何管理程序使用的内存这类的底层细节。

4. 可移植性

基于其开放源代码的特性，Python 具有可移植性，使用者可以在使用 Mac、Windows、Linux 等操作系统的设备上安装 Python 环境并运行。

5. 运行快速

Python 的底层是用 C 语言编写的，很多标准模块和第三方模块也都是用 C 语言编写的，运行速度非常快。

6. 可扩展性

如果希望一段关键代码运行得更快或者某些算法不公开，可以部分程序用 C 或

C++ 编写，然后在 Python 程序中使用它们。

7. 可嵌入性

可以把 Python 嵌入 C/C++ 程序，从而向用户提供脚本功能。

8. 丰富的扩展模块

Python 的标准模块非常庞大，它可以用来处理各种工作，包括正则表达式、文档生成、单元测试、数据库、网页浏览器、电子邮件、XML、HTML、WAV 文件、密码系统、GUI 和其他与系统有关的操作。

同时 Python 的社区为 Python 提供更加丰富的拓展模块。很多时候，只需要考虑自己想做什么，至于怎么做，Python 的社区很可能已经有人做好，直接安装对应的模块进行简单的开发，即可实现你的想法。

最后，Python 有很多应用场景，例如 Google 的 Gmail、Youtube、知乎、豆瓣等知名的互联网产品，都是使用 Python 来实现的。

2.3 Python 模块

Python 除了很强大的自有模块，还有海量的第三方模块，并且很多开发者还在不断贡献自己开发的新模块，正是有了这么强大的"模块自信"，Python 才被广泛使用于各个领域。

2.3.1 函数

1. 什么是函数

在程序的开发过程中，程序代码越来越多，越来越复杂，需要一些方法把它们分成较小的部分进行组织，这样更易于编写、阅读和维护。

函数（Function）就是把程序分解成较小的部分的一种方法，它是组织好的用来实现特定功能的代码段，可以用来构建更大程序的一个小部分，就如用积木搭城堡。函数能提高应用程序的模块化和代码的重复利用率。

在 Python 中进行数据分析主要就是通过使用函数来实现的，所以需要学习并掌握 Python 中函数的使用方法。

函数包含函数名和参数，在函数名后面通常会有一对小括号"()"，这对小括号是用来传递参数的，参数可以是具体的值，也可以是变量。传递参数给函数后，经过函数体代码的运算处理，可以得到相应的返回值。

第 2 章　Python 概况

如图 2-2 所示，pow(x,y) 是一个函数，它的作用就是计算 x 的 y 次方。因此 pow 函数有两个参数，分别为 x 和 y。当 x=2 和 y=3 时，pow 函数通过公式得到的结果 8 并作为返回值返回。

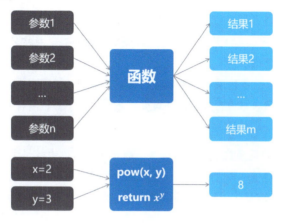

图 2-2　函数原理

2. 如何使用函数

函数的使用关键在于参数的设置，在 Python 中，常用的参数设置方式有三种：位置参数、可变参数、关键字参数。

1）位置参数

位置参数是指调用函数时根据函数定义的参数位置来传递参数，因此在调用函数的时候，要求传入的参数必须和定义函数时的参数位置一一对应。位置参数调用方式如图 2-3 所示。

函数名(参数1, 参数2, ...)

图 2-3　位置参数调用方式

例如，pow 函数有两个参数，第一个参数名字为 x，即 x^y 中的底数 x，第二个参数名字为 y，即 x^y 中的指数 y，如图 2-4 所示。

pow(x, y)	
参数	说明
x	x^y 中的底数
y	x^y 中的指数

图 2-4　pow 函数的参数

在调用 pow 函数来计算 2^3 时，必须把 2 放在第一个参数的位置，3 放在第二个参数的位置，代码如下所示：

代码输入	结果输出

# 求 x 的 y 次方 	
pow(2, 3)
	8

位置参数的优点：用法简单，直接按函数定义参数的顺序一一为其赋值即可。

位置参数的缺点：不够灵活，必须知道每个参数的类型及含义，不能不赋值，更不能不按设定类型赋值。

在 Excel 中，函数就是采用位置参数设置的方式进行调用的，而在 Python 中调用函数时，除使用位置参数设置外，还有可变参数、关键字参数两种方式。

2）可变参数

可变参数，指的是函数中传递的参数个数无法确定，也就是可以输入任意多个参数。例如，求一组数值的最大值，这一组数值的个数，可以是 5 个、10 个、50 个，也可以是任意多个，所以无法限制输入参数的个数。因此用可变参数的方式进行参数传递，会更加方便。

函数中可变参数的表示，一般写成某个参数后面带着三个点"…"，代表前面的那个参数可以输入任意多个值。Python 中求最大值的 max 函数，参数就是可变参数，如图 2-5 所示。

max(value, …)	
参数	说明
value	数值
…	任意多个数值

图 2-5　max 函数参数

了解 max 函数的作用和参数的设置方式，就可以使用它来求任意多个数值的最大值，代码如下所示：

代码输入	结果输出

# 求最大值的函数 max 	
max(1, 5, 3, 2, 4)
	5

max(1, 5, 3, 2, 4, 6)	6

求最小值函数 min 和求最大值函数 max 的使用方法一样，都是通过可变参数进行传参，代码如下所示：

代码输入	结果输出

# 求最小值的函数 min 	
min(1, 5, 3, 2, 4)
	1

min(1, 5, 3, 2, 4, 6)	1

3）关键字参数

关键字参数，是指可以不通过顺序，只需要通过参数的名字即可给对应的参数设置值。关键字参数的使用方式如图 2-6 所示。

参数名 = 值

图 2-6　关键字参数使用方式

关键字参数通常都会有一个默认值，如果调用函数时未设置某个关键字参数，则将使用该默认值。

例如 Python 中用于控制台输出的 print 函数的参数设置，就有三个关键字参数，分别为 sep、end 和 file，print 函数的常用参数如图 2-7 所示。

print(value, ... , sep=' ', end='\n', file=sys.stdout)	
参数	说明
value	输出对象
...	任意多个输出对象
sep	分隔符，默认为空格字符' '
end	输出完成后，输出的字符，默认为换行符
file	输出的路径，默认为系统的标准输出，也就是控制台

图 2-7　print 函数常用参数

可以看到，sep 参数的默认值是空格字符' '，end 参数的默认值是换行符 '\n'，file 参数的默认值是系统标准输出，也就是输出到控制台。

需要使用关键字参数的函数一般有三个重要的特征：

★ 函数的参数个数较多，并且一些函数的参数有默认值。
★ 可变参数前面如果有参数，只能是位置参数；可变参数后面如果有参数，只能是关键字参数。
★ 关键字参数前面如果有参数，可以是位置参数或者可变参数，关键字参数后面只能是关键字参数。

正是因为有些函数的参数很多，如果按照函数参数的顺序，一个个设置这些参数，那么调用这个函数就会显得非常烦琐。而且很多参数一般情况下使用默认值就行了，所以可以跳过使用默认值的参数，直接根据参数名来设置需要设置的参数即可。

例如 print 函数中的第三个参数 sep，它的作用是分隔符，默认值为空格字符，我们可以将 sep 参数设置为 '-' 分隔符，代码如下所示：

代码输入	结果输出

# 在控制台输出，默认空格分隔 	
print('广东省 ', ' 广州市 ')
	广东省 广州市

```
# 使用关键字参数 sep，使用 - 分隔
print('广东省', '广州市', sep='-')                    广东省-广州市
```

可以看到，因为 print 函数 sep 参数的默认值是空格，所以第一次输出的时候，两个字符串之间的分隔符是空格。在第二次调用 print 函数进行输出的时候，因为设置 sep 参数为 '-'，所以在第二次输出的时候，两个字符串之间的分隔符就变成了 '-'。

3. Python 内置函数

Python 提供了许多系统自带的内置函数，不需要我们自己编写，需要使用时直接调用即可，例如 sum、min、max、pow 等，常用的内置函数，如图 2-8 所示。

函数名	功能描述
print	输出信息
len	数组长度
abs	取绝对值
max	取最大值
min	取最小值
sum	求和
pow	x 的 y 次幂
round	四舍五入
divmod	取整求余

图 2-8 Python 常用内置函数

想要知道 Python 3 的所有内置函数，可以访问以下网页进行查阅：https://docs.python.org/3/library/functions.html。

一般来说，内置函数远远不能满足我们的工作需要，在实际工作中，经常需要引入第三方模块中的函数进行使用。除此以外，还可以自己编写函数并使用，这种函数称为自定义函数。

2.3.2　模块

1. 什么是模块

随着程序代码越来越多，相应的函数也会越来越多，越来越不容易管理、维护与使用。为了便于管理、维护与使用代码，开发者会把函数按功能进行分组，分别放到不同的文件里。这样每个文件里包含的代码就相对较少了，也就更易管理与维护。

在 Python 中，代码经常保存在以 .py 作为后缀的文件中，这种以 .py 作为后缀的文件，Python 称之为一个模块（Module）。例如：abc.py，其中文件名"abc"为模块名字。

第 2 章 Python 概况

模块能够有逻辑地组织 Python 代码段，包括定义函数、类和变量。当一个模块编写完毕，就可以在其他有需要的地方进行引用，在编写程序的时候，经常需要引用其他模块。

大家可能还听过关于包和库的一些概念，包和库的概念和模块的概念类似，都是对程序的封装。Python 中模块的概念，在 Java 中称之为包（package），而在 C\C++ 中则称之为库（library），Java 和 C\C++ 都是程序员常用的编程语言，所以有些程序员就会把 Python 中的模块混淆称之为包和库，大家只要明白它们说的是一回事即可。

2. 如何使用模块

在 Python 中使用模块，首先要将需要使用的模块进行导入，导入的方法有两种。

第一种模块导入方式是使用 import 语句，如图 2-9 所示，只需要使用 import 一词，然后指定需要导入的模块即可。

图 2-9　模块导入方式 1

这也是模块导入最常使用的方法，模块导入后，就可以通过使用**模块名.变量名**调用模块中的变量，使用**模块名.函数名**调用模块中的函数，代码如下所示：

代码输入	结果输出
# 引入数学模块 import math	
# 调用数学模块中的变量，pi 是圆周率 math.pi	3.141592653589793

# 调用数学模块中的函数，sqrt 是求平方根函数 	
math.sqrt(4)
	2.0

在 Python 中，可能存在多个模块中含有相同名称的函数或变量名，此时如果只是通过函数名、变量名来调用，计算机将无法识别到底要调用哪个函数或变量，这时加上模块名访问这些函数，Python 就知道这个函数是出自哪个模块了。

因此，使用 import 模块名的方式导入模块时，调用模块中的函数或者变量必须加上模块名。

第二种模块导入方式是使用 from import 语句，如图 2-10 所示。这种情况就是明确知道要导入哪个模块哪个函数或变量的时候使用。使用这种导入的方式，在使用函数或变量的时候，就不用在前面加上对应的模块名了。

图 2-10　模块导入方式 2

下面通过调用 Pandas 模块中的 read_csv 函数，比较这两种模块使用方式的区别，首先是使用 import 模块名 的方式导入模块，代码如下所示：

代码输入	结果输出

# 导入 pandas 模块 	
import pandas
# 导入 D 盘 PDABook 目录的 data.csv 文件 	
pandas.read_csv('D:/PDABook/data.csv')
	name　age
	0　KEN　　23
	1　John　　32
	2　JIMI　　25

使用 from 模块名 import 函数名 来调用模块中的函数，代码如下所示：

代码输入	结果输出

# 导入 pandas 模块的 read_csv 方法 	
from pandas import read_csv
# 导入 D 盘 PDABook 目录的 data.csv 文件 	
read_csv('D:/PDABook/data.csv')
	name　age
	0　KEN　　23
	1　John　　32
	2　JIMI　　25

最后总结一下 import 模块名 和 from 模块名 import 的区别：

★ **import 模块名**：导入一个模块下的所有函数和变量，这时可以通过**模块名.函数名**的语法，访问该模块下的所有函数和变量，这既是优点，同时也是缺点，因为这种方法会把模块下的所有函数和变量都导入到内存中，如果该模块非常大，那么就会占用非常多的内存。

★ **from 模块名 import**：导入一个模块中的一个函数或变量，这时可以直接通过**函数名/变量名**来使用该函数或变量。这种导入模块的方法，优点是用到了哪些函数就占用多少内存，科学地对内存进行使用，缺点是如果需要使用该模块的其他函数或变量，需要再次使用这个语法进行导入。

作为数据分析方面的 Python 使用者，一般不需要自己动手编写模块，会调用相关模块的函数进行数据分析即可。大家在需要时可翻阅查询，在后续的章节将会具体介绍每个函数的使用方法。

2.4 Python 使用场景

Python 不仅功能强大,而且使用场景也很广,包括系统应用、互联网应用、数据分析、数据挖掘、数据可视化等方面。

图 2-11 Python 使用场景

1. 系统应用

Python 可用于软件开发、游戏开发以及系统运维等。在系统应用方面,使用 PyQt、PySide、wxPython、PyGTK 等模块,可以快速开发桌面应用程序。

2. 互联网应用

Python 常用于互联网开发,使用 Django、Flask、CherryPy、Pyramid、TurboGear 等模块,可以让程序员轻松地开发和管理复杂的 Web 程序。

3. 数据分析

近年来,越来越多的人使用 Python 进行数据分析,例如使用 Pandas 模块进行数据处理,使用 NumPy 模块进行数值计算,使用 SciPy 模块中的 Stats 模块进行统计推断等。

4. 数据挖掘

Python 中的 SKLearn 模块提供了大量机器学习算法,可以进行数据挖掘。PySpark 模块中提供了大规模分布式计算的工具。

5. 数据可视化

Python 可绘制大量数据可视化图表,使用 Matplotlib 模块,可以很简单快捷地绘制直方图、散点图、折线图等。使用 NetworkX 模块,可以简单快捷地进行社会网络分析以及绘图。使用 Basemap 模块，可以简单快捷地进行地图数据的可视化。

Python 的使用场景，远远不限于在以上场景的应用，随着大数据时代的发展，学会 Python，将会有更多大展拳脚的机会。

2.5　Python 2 与 Python 3

经过多年的发展，Python 有两个主要的版本：Python 2 和 Python 3，大部分的编程语言基本上可以向下兼容，但是 Python 3 是不向下兼容的，因此之前大量使用 Python 2 开发出来的系统，还需要一部分人继续使用 Python 2 进行维护。这就造成了 Python 版本使用者中存在这两大阵营。

那么，用 Python 进行数据分析，应该选择 Python 2 还是 Python 3 呢（参见图 2-12）？答案就是选择 Python 3 进行数据分析，主要原因如下。

图 2-12　Python 版本选择

1. 新特性

作为进化者，Python 3 自然会比 Python 2 拥有更多便捷的新特性。

例如：Python 3 取消了 print 语句，使用新的 print() 函数。增加新的数据类型 bytes literal 及 bytes，支持二进制存储。标识符支持非 ASCII 字符，在 Python 2 中使用中文，简直就是噩梦，Python 3 完美解决了这个问题。

新增加的特性还有很多，篇幅有限，不在此一一列举，有兴趣的朋友可以浏览网址：https://docs.python.org/3.0/whatsnew/3.0.html 进行查阅。

2. 官方支持

官方宣布，在 2020 年，将停止对 Python 2.7 的维护，也就是说，不会再有 Python 2.8。因此，毫无疑问，官方将大力发展与推广 Python 3，用于数据分析的 Python 版本自然要与时俱进。

3. 常用模块兼容

"Python 3 不兼容 Python 2 中的很多模块"的言论已经过时，现在常用的 Python 模块，都兼容 Python 2 和 Python 3。如果没有，那么很可能是开发者已经放弃对这些模块的维护了。

综上所述，选择 Python 3，拥抱未来。

2.6　Python 与数据科学

数据科学（Data Science），是一门利用数据学习知识的学科，其目标是通过从数据中提取出有价值的部分来生产数据产品。它结合了诸多领域中的理论和技术，包括应用数学、数理统计、模式识别、机器学习、数据可视化、数据仓库以及高性能计算等。

数据科学，毫无疑问是 Python 目前最热门的应用领域。那么 Python 中有哪些模块支持数据科学呢？我们来看看图 2-13。

图 2-13　Python 中与数据科学相关的模块

1. Pandas

Pandas 是 Python 的一个数据分析模块，它最初被用作金融数据分析工具而开发出来，所以 Pandas 为时间序列分析提供了很好的支持。

为了提供高效操作大型数据集的工具，Pandas 提出了一套类似 Excel 的标准数据应用框架，包含了类似 Excel 表格的数据框 DataFrame，以及快速便捷地处理数据的函数和方法，让数据分析整个过程变得快速、简单。可以毫不夸张地说，Pandas 是 Python 中进行数据分析的最好工具。

2. NumPy

NumPy（Numeric Python）是 Python 的一个数值计算扩展模块。它常被用来存储和处理大型矩阵，因为底层是 C 语言实现，所以比 Python 自身的列表数据结构要高效得多，因此常用于进行数值计算，Pandas 也是使用 NumPy 进行数据处理的。

NumPy 提供了许多高级的数值编程工具，如：矩阵运算、矢量处理以及精密运算等，专为进行严格的数字处理而产生，多为大型金融公司以及科学计算团队使用。

3. SciPy

SciPy 是一款方便、易用、专门为科学和工程设计的 Python 模块，它包括统计、优化、整合、线性代数、傅里叶变换、信号和图像处理、常微分方程求解器等模块。

4. Matplotlib

Matplotlib 是 Python 最著名的绘图模块，它提供了一整套和 Matlab 命令相似的 API，十分适合交互式地图表绘制。而且也可以方便地将它作为绘图控件，嵌入 GUI 应用程序中。

Matplotlib 包含了大量创建各种图形的工具，包括简单的散点图、折线图、直方图等，复杂的正弦曲线、三维图形、地图等。Python 数据科学社区经常使用它完成数据可视化的工作。

5. Scikit-Learn

Scikit-Learn 是基于 Python 机器学习的模块，主要功能分为六个部分：分类、回归、聚类、数据降维、模型选择、数据预处理。

Scikit-Learn 建立在 SciPy 之上，提供了一套常用的机器学习算法，通过一个统一的接口来使用，Scikit-Learn 可以在 Pandas 数据集上实现流行的算法。

Scikit-Learn 还有一些模块，比如：用于自然语言处理的 Nltk、用于网站数据抓取的 Scrappy、用于网络挖掘的 Pattern、用于深度学习的 Theano 等。

对 Python 这些非常实用的数据科学模块有了初步的了解后，该如何把它们和 Python 整合起来呢？需要一个个模块地下载和安装吗？当然不需要，使用 Anaconda 即可。

2.7 Anaconda 简介

Anaconda 是一款集合软件，它以 Python 为基础，集成了 Python 在数据分析、数据可视化、机器学习、社会网络分析等领域的常用模块，例如 NumPy、Pandas、SciPy、Matplotlib、Scikit-Learn、NetworkX 等，是一款以 Spyder 或 Jupyter Notebook 为开发工具的 Python 数据分析套件。

它支持 Linux、Mac、Windows 操作系统。Anaconda 的优点总结起来就八个字：

第 2 章　Python 概况

省时省心、分析利器。

- ★ **省时省心**：在安装某个 Python 模块的过程中，经常需要依赖其他的软件和模块，例如安装 Pandas，就要先安装好 NumPy 模块。而 NumPy 是 C 语言编写的，要使用源码安装它，还需要计算机先安装和配置好 Visual C++ 的编译器。正是这种层层的依赖，使得 Python 模块的安装和使用起来非常麻烦。Anaconda 通过集成工具包、开发环境，大大简化了安装工作。不仅可以方便地安装、更新、卸载工具模块，而且安装时能自动安装相应的依赖模块。
- ★ **分析利器**：在 Anaconda 官网中是这样宣传自己的——最流行的 Python 数据科学平台。它把 Python 在数据科学各个领域中常用的模块整合起来，先编译好，然后打包成为一个软件，其包含了 1000 多个数据科学相关的开源模块，在数据可视化、机器学习、深度学习等多方面都有涉及。不仅可以做数据分析，还可以应用在大数据和人工智能领域。可以说 Anaconda 是一个用于科学计算的 Python 发行版，我们只需要安装好 Anaconda，就可以快速地使用它进行数据分析了。

2.8　安装 Anaconda

2.8.1　下载 Anaconda

登录 Anaconda 官网（https://anaconda.org 或 https://www.anaconda.com）下载 Anaconda 软件，首页如图 2-14 所示。虽然 Anaconda 首页上有注册登录的功能，但就目前而言，下载 Anaconda 不需要进行注册。

STEP 01　单击官网首页右上角的【Download Anaconda】按钮，跳转到 Anaconda 的下载页面，如图 2-15 所示。

STEP 02　单击 Anaconda 下载页面中的【Download】按钮，将跳转到不同操作系统的 Anaconda 安装程序下载页面，如图 2-16 所示。

Anaconda 提供了三种操作系统的软件版本，分别是 Windows、macOS 与 Linux，根据自己使用的操作系统，下载对应的版本即可，本书采用 Windows 操作系统进行安装。

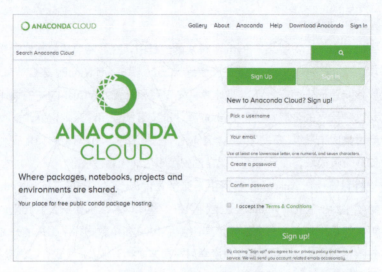

图 2-14　Anaconda 首页

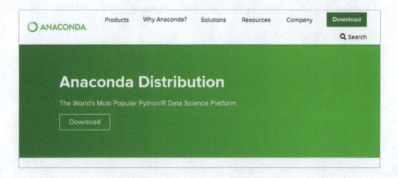

图 2-15　Anaconda 下载页面

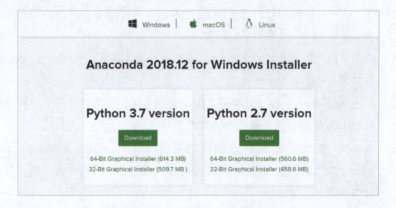

图 2-16　Anaconda 版本选择页面

 单击 Python 3.7 version 下的【Download】按钮，即可进行下载。

第 2 章　Python 概况

需要注意，虽然说近年来 64 位的操作系统已经基本普及，但如果你使用的还是 32 位的操作系统，那么请单击下面【32-Bit Graphical Installer】的链接进行下载。

2.8.2　安装 Anaconda

STEP 01　打开 Anaconda 安装文件所在文件夹，双击 Anaconda 安装文件，弹出安装向导对话框，如图 2-17 所示。

图 2-17　Anaconda 安装向导对话框

STEP 02　单击【Next】按钮，弹出软件使用许可协议对话框，如图 2-18 所示。

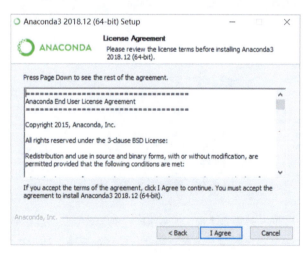

图 2-18　软件使用许可协议对话框

STEP 03 阅读完使用许可协议后，单击【I Agree】按钮，只有同意协议的内容，才能继续安装。

STEP 04 在【Install for】下选择【All Users】单选按钮，如图 2-19 所示，也就是为所有用户都安装软件，然后单击【Next】按钮，弹出设置安装路径对话框，如图 2-20 所示。

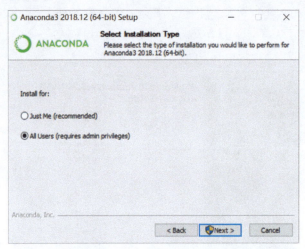

图 2-19　选择安装类型对话框

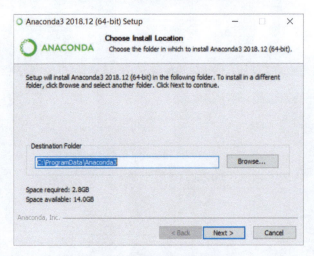

图 2-20　设置安装路径对话框

STEP 05 设置安装路径时需要注意，安装路径避免包含中文、空格等字符，例如默认的这个安装路径就符合不包含中文、空格的要求，如图 2-20 所示，本例直接采用默认的安装路径，单击【Next】按钮，弹出系统参数配置对话框。

第 2 章　Python 概况

STEP 06　勾选【Add Anaconda to the system PATH environment variable】复选框和【Register Anaconda as the system Python 3.7】复选框，如图 2-21 所示，也就是把 Anaconda 的软件路径加入 PATH 变量，方便以后相关命令的调用，单击【Install】按钮，就开始软件安装了，如图 2-22 所示。

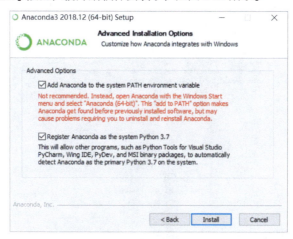

图 2-21　系统参数配置对话框

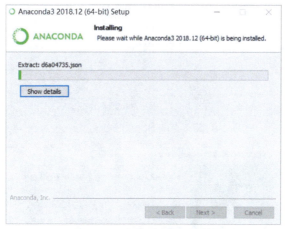

图 2-22　安装过程 1 对话框

STEP 07　安装过程需要较长的时间，耐心等待即可，如图 2-23 所示，待安装完成后，单击【Next】按钮，将会弹出【Microsoft Visual Studio Code Installation】对话框，如图 2-24 所示，Visual Studio Code 不是本书必须安装的软件，可以单击【Skip】按钮跳过即可。

STEP 08　最后，安装程序弹出 Anaconda 安装完成对话框，如图 2-25 所示，单击【Finish】按钮，即可完成 Anaconda 的安装。

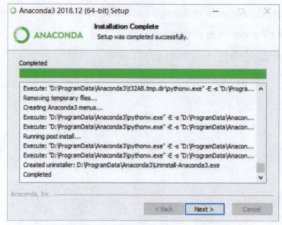

图 2-23 安装过程 2 对话框

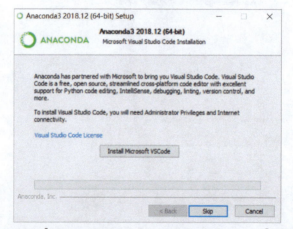

图 2-24 【Microsoft Visual Studio Code Installation】对话框

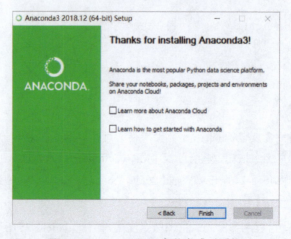

图 2-25 Anaconda 安装完成对话框

第 2 章　Python 概况

2.9　使用 Anaconda

你可能已经通过互联网了解到，有一些技术达人推荐使用 PyCharm 作为 Python 的开发工具，而本书推荐使用 Spyder 作为数据分析工具。那么作为数据分析工作者，应该选择 PyCharm 还是 Spyder 呢？

2.9.1　PyCharm 与 Spyder

工欲善其事，必先利其器，在编写代码的过程中，选择良好的开发工具，可以大幅提高编写代码的效率，达到事半功倍的效果。另外，工具没有绝对的优劣之分，每种工具，都有自己擅长的使用场景，所以选择工具，要从实际的使用场景出发，选择最适合的那款即可。

1. PyCharm 适合用于软件开发

PyCharm 适合在软件开发的环境下使用，首先它的界面非常友好，代码的样式非常赏心悦目，给人一种高端时尚的感觉，如图 2-26 所示。

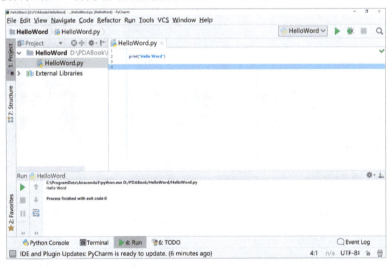

图 2-26　PyCharm 软件界面

其次，它有着严谨的项目管理方法，例如调试、语法高亮、Project 管理、代码跳转、智能提示、自动完成、单元测试、版本控制等。

然后，它还支持多平台使用，例如 Windows、macOS 和 Linux 操作系统。

最后，PyCharm 还针对常用的框架，例如为 Django 开发提供了一些很好的功能，同时支持 Google App Engine。

37

2. Spyder 适用于数据分析

Spyder（Scientific Python Development EnviRonment）是一个强大的交互式 Python 语言开发环境，提供高级的代码编辑、交互测试、调试等特性，支持 Windows、Linux 和 macOS 操作系统。

Spyder 非常适合用于数据分析，Spyder 界面比 PyCharm 的界面多了一个变量窗口，它包括变量名称、变量类型、变量长度和变量值，方便我们查看相关的变量信息，了解数据结构，如图 2-27 所示。

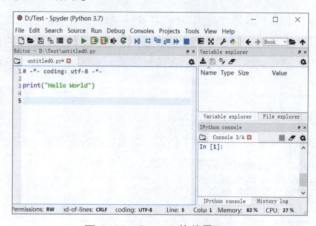

图 2-27　Spyder 软件界面 1

另外，Spyder 的界面与 Matlab、RStudio 的界面比较相似，都是主要由代码编辑窗口、变量浏览窗口、输出结果窗口构成，说明这样的界面才适合于数据分析，熟练掌握了其中一个软件，另外两个软件也就很容易上手了。

因此，如果你是一名软件工程师，使用 Python 的主要工作场景是软件开发，那么建议使用 PyCharm。如果你是一名数据分析师或数据挖掘工程师，使用 Python 的主要场景是数据分析、数据挖掘，那么建议使用 Spyder。

2.9.2　Anaconda 开始菜单

在 Windows 操作系统的【开始】菜单中，找到 Anaconda 的菜单文件夹，如图 2-28 所示，这个菜单文件夹中包括 Spyder、IPython、Anaconda Cloud 等软件，每个软件对应的功能如图 2-29 所示。

第 2 章　Python 概况

软件	作用
Anaconda Cloud	用于打开Anaconda官网
Anaconda Navigator	Anaconda整合的使用软件列表界面
Anaconda Prompt	集成Anaconda所有命令的命令行窗口
IPython	著名的Python交互式控制开发工具
Jupyter Notebook	著名的基于Web的Python交互式控制页面
Jupyter QTConsole	Jupyter的桌面版本，和IPython相差不大
Reset Spyder Settings	重置Spyder的设置，恢复到安装时的配置
Spyder	用于数据分析、数据挖掘的工具

图 2-28　Anaconda 开始菜单　　　图 2-29　Anaconda 开始菜单简介

2.9.3　Spyder 工作界面简介

前文介绍过，Spyder 的界面与 Matlab、RStudio 的界面比较相似，都是主要由代码编辑窗口、变量浏览窗口、输出结果窗口构成，如图 2-30 所示。

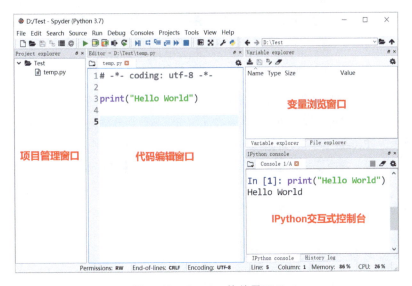

图 2-30　Spyder 软件界面 2

1. 项目管理窗口

项目管理窗口，位于 Spyder 界面左部，主要用于管理项目的文件夹和文件。一个 Spyder 界面只允许管理一个项目，但是可以通过在项目里面增加文件夹的方式，管理项目中不同的模块。

在项目管理窗口，可以直接双击代码或者文本文件，在代码编辑窗口进行修改。

如果是右键打开一个目录，则可以直接打开并定位到对应路径的系统文件夹窗口。

2. 代码编辑窗口

代码编辑窗口，位于 Spyder 界面的中部，主要用于编辑代码和文本文件。代码编辑窗口允许同时打开多个文件进行编辑，但是每次只能编辑一个文件，可以通过单击窗口上面文件名对应的选项卡，切换到要编辑的文件。

Spyder 使用 IPython 交互式控制台进行交互式编码，在代码编辑窗口编辑好的代码，可以直接选中想要执行的代码，然后按【Ctrl+Enter】快捷键，把它提交到 IPython 窗口执行。

3. 变量浏览窗口

变量浏览窗口，位于 Spyder 界面的右上角，只要是 Python 内存中的结构变量，例如数组、字典、元组等，都可以在这里显示，每行显示一个变量的信息，它包括变量名称、变量类型、变量长度、变量值。双击对应的变量行，还可以通过弹出新的窗口，查看变量中的所有数据。

因为 Spyder 允许同时运行多个 IPython 窗口，因此切换当前使用的 IPython 窗口后，变量浏览窗口都会刷新一次，变更为当前使用 IPython 窗口对应的变量列表。

4. IPython 交互式控制台

IPython 交互式控制台，是 Spyder 的核心执行单元，它负责执行代码，进行运算，然后把结果输出进行反馈，所以主要是在此窗口查看数据分析运行结果。另外，一般不直接通过 IPython 窗口进行代码的编写，因为这样不利于代码的保存。

如果一段代码需要执行相当长的时间，可以通过新建 IPython 窗口，使用一个新的环境，先去处理其他事情，避免一直在等待执行结果而浪费时间。

下面来学习一下 Spyder 的核心功能——项目管理。

2.9.4 项目管理

项目是软件工程中的概念，主要用于管理软件开发，在开发工具中的体现，可以理解为源代码和相关文档的集合。

为了更好地管理代码，Spyder 在 Python 的基础上，引入了项目的概念，Spyder 中的项目，可以理解为一个文件夹，里面放着 Python 的源代码、相关数据文件和文档。

虽然说，使用 Python，并非一定要使用项目来进行代码的管理，而使用项目来管理代码，就如在编写代码时加上备注一样，这是一个良好的编程习惯，也是一种科学的代码管理方式，有利于日后编写代码能力的积累。

第 2 章　Python 概况

接下来就来看看如何新建项目,新建项目步骤如下:

STEP 01　在 Spyder 界面菜单栏中单击【Projects】项,在弹出的下拉菜单中选择【New Project】项,如图 2-31 所示。

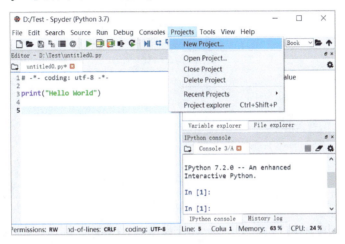

图 2-31　Spyder 新建项目

STEP 02　在弹出的【Create new project】对话框中,如果项目的目录已经存在,那么选择【Existing directory】项,如图 2-32 所示,如果需要新建项目目录,那么选择【New directory】项,接着输入项目名称和设置项目的文件夹路径,单击【Create】按钮。

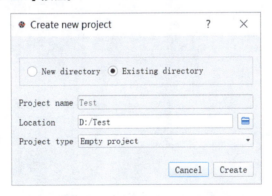

图 2-32　【Create new project】对话框

STEP 03　在弹出的后缀名为"py"的文件中,输入经典的"Hello World"代码。然后选中第 8 行代码,按快捷键【Ctrl+Enter】执行代码。

执行代码,可以看到,右下角的 IPython 交互式控制窗口,接收到选中的代码,并且在控制台中打印输出了一行"Hello World"的字符,如图 2-33 所示。

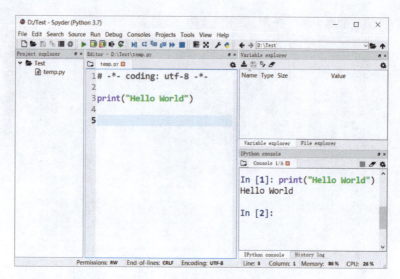

图 2-33　Spyder 中编写代码

STEP 04　使用快捷键【Ctrl+S】，在弹出的【保存文件】对话框中，输入文件名，单击【保存】按钮，即可保存文件，如图 2-34 所示。

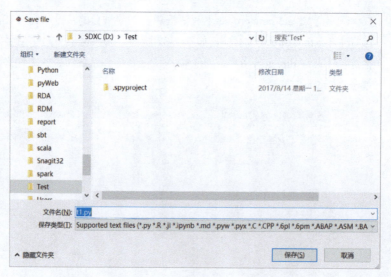

图 2-34　【保存文件】对话框

STEP 05　在项目浏览窗口可以看到，刚保存的代码文件就显示在这里，可以在这个窗口中通过双击打开，也可以用鼠标对着文件名单击右键对文件进行运行、编辑、删除等管理操作，如图 2-35 所示。

第 2 章　Python 概况

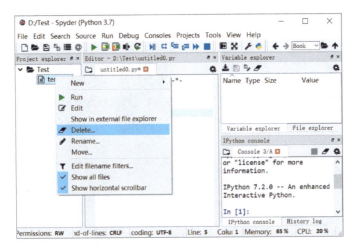

图 2-35　Spyder 文件管理操作

2.9.5　代码提示

代码提示，是指在编写代码的过程中，开发工具会帮助编程人员提示接下来的输入，减少编程人员不必要的死记硬背和减少相应的输入，以提高编程效率，它是开发工具必备的功能。

那么代码提示功能如何使用呢？很简单，只要在使用 Spyder 编写代码的过程中，在输入点（.）之后，或者按下 Tab 键，即可得到后续代码的备选提示，如图 2-36 所示。

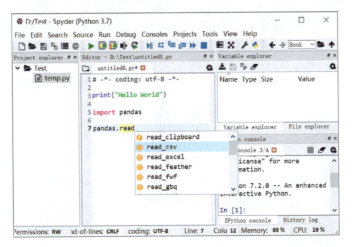

图 2-36　Spyder 代码提示功能

2.9.6 变量浏览

变量是代码执行过程中，保存在内存中的数据。因为 IPython 是交互式命令控制台，因此它会一直等待使用者的输入，除非使用者主动关闭或者程序异常，否则 IPython 不会退出，也就是内存变量会一直保留，方便使用者对数据进行更加深入的分析。

现在来看一个例子，执行以下代码，在内存中生成一个数据框。

代码输入

```python
import pandas
data = pandas.DataFrame({
    'catalog': ['A', 'B', 'C', 'D', 'E'],
    'percent': [0.1, 0.15, 0.3, 0.4, 0.05]
})
data.plot.bar(x='catalog', y='percent')
```

执行代码后，可以在变量浏览窗口中看到出现了一行记录，如图 2-37 所示，名字就是定义好的数据框"data"。通过 Spyder 的变量浏览窗口，可以方便地对数据进行查看和处理。变量浏览窗口中包含了变量名称、变量类型、变量长度、变量值。用鼠标双击对应的变量名所在的行，即可通过弹出的变量窗口，查看变量中所有的数据。

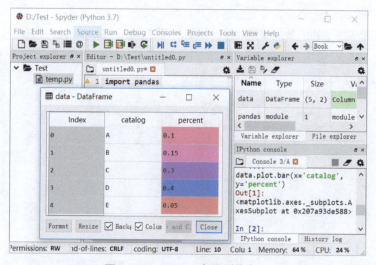

图 2-37　Spyder 变量浏览窗口

2.9.7 图形查看

绘图是数据分析过程中的必要操作，一款好的数据分析工具，必须具备数据图形

第 2 章 Python 概况

绘制的功能，IPython 窗体集成了数据图形绘制的功能。只需执行相应的绘图代码，IPython 交互式控制窗口，就会绘制出相应的数据图形，如图 2-38 所示。

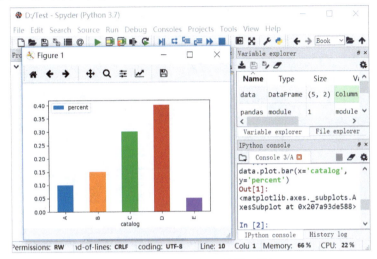

图 2-38 IPython 窗口的绘图效果

2.9.8 帮助文档

帮助文档的查阅，除了可以帮助使用者避免很多不必要的死记硬背，也可以让使用者从中学习到更多的使用方法。

Spyder 默认不显示帮助文档，如果要显示它，可以通过【View】→【Panes】→【Help】的方式打开，如图 2-39 所示。

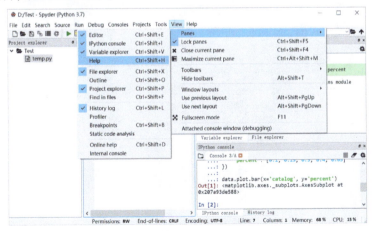

图 2-39 Spyder 帮助文档打开方式

例如需要查找"数据框"的相关帮助，就可以在帮助文档右上角的【Source】

45

下拉菜单中选择【Console】项，如图2-40所示，也就是只搜索控制台引入的模块，这样可以提高搜索效率，然后在【Object】输入框中输入要查找的对象名"pandas.DataFrame"，稍等片刻，就可以得到"数据框"的说明文档。

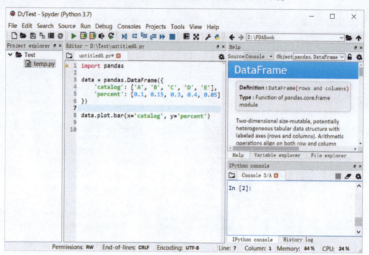

图2-40　Spyder 帮助文档

以上就是Spyder常用的五大功能，掌握这五大功能的使用，就基本学会如何使用Spyder了。

第 3 章
编程基础

提到编程,很多人脑海里会浮现出一个字:"难"。掌握一门编程语言真的很难吗?其实,设计一门新的编程语言,真的很难,但若从实践去掌握 Python 的使用,却是一件相对简单的事情。编程是一门技能,就像学习写作一样,需要经过大量的练习,自己把书上的代码都敲一遍,只有自己多敲代码,才能发现问题,解决问题,编程技能也会得到相应的提升。

Python 在数据分析方面的应用涉及的编程基础主要包括三部分,分别是数据类型、数据结构和向量化运算。

3.1 数据类型

在 Python 中,常用的数据类型主要有三种,分别是数值型(Numeric)、字符型(Character)和逻辑型(Logical)。

在 Python 中这三种数据类型,和 Excel 中的数据类型一致,如图 3-1 所示。

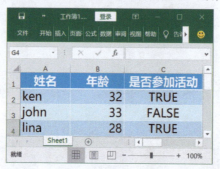

图 3-1　Excel 中数据类型

姓名列是字符型数据,它可以是计算机中任意的字符。在 Excel 中,字符型数据默认左对齐显示。

年龄列是数值型数据,它可以是数学里面任意实数,包括正数、0 和负数。在 Excel 中,数值型数据默认右对齐显示。

是否参加活动列是逻辑型数据,它只有 TRUE 和 FALSE,分别代表是和否。TRUE 代表是,在本例中代表参加活动,FALSE 代表否,在本例中代表没有参加活动,逻辑型数据在 Excel 中,默认居中对齐显示。

3.1.1　数值型

数值型(Numeric)数据就是数学中的实数,包含正数、0 和负数。

定义数值型数据的方式,直接把数值写上即可。数值型常用的运算,除了数学中

第 3 章　编程基础

的加、减、乘、除四则运算以外，还有取整、求余、乘方三种常用的运算规则，如图 3-2 所示。

值	说明	运算规则
+	加	1.5 + 1 = 2.5
-	减	1.5 - 1 = 0.5
*	乘	0.1 * 2 = 0.2
/	除	1 / 0.2 = 5.0
//	取整	7//4 = 1
%	求余	10%4 = 2
**	乘方	2**3 = 8

图 3-2　数值型数据运算规则

取整，和除法运算类似，但它不进行小数运算，只保留整数部分，用 // 表示。

求余，和除法运算类似，但它只保留余数部分，不进行小数运算，用 % 表示。

乘方，乘方也就是数学里面的乘方，用 ** 表示。

下面开始正式进入代码编写的学习与实践阶段。在编写代码的时候，除了输入中文以外，其他字符必须使用英文半角输入法进行输入，尤其是标点符号，初学者一定要引起注意。

首先是数值型数据计算的案例，代码如下所示：

代码输入	结果输出

# 定义数值型变量 x , y 	
x = 1
y = 2	

# 加法 x + y	3
# 减法 x - y	-1
# 乘法 x * y	2
# 除法 x / y	0.5
# 取整 7 // 4	1
# 求余 10 % 4	2
# 乘方 2 ** 3	8

3.1.2 字符型

字符型（Character）数据代表了所有可定义的字符，通常也称为字符串。定义字符型数据的方式，可以通过单引号、双引号、三个单引号或者三个双引号，将要定义的字符放入引号内部即可。

字符型数据定义的代码如下所示：

代码输入

```
x = '谁说菜鸟不会数据分析（入门篇）'
y = "谁说菜鸟不会数据分析（工具篇）"
z = '''谁说菜鸟不会数据分析（SPSS篇）'''
o = """谁说菜鸟不会数据分析（Python篇）"""
```

1. 字符型数据运算

字符型数据的运算有加法和乘法两种，分别为字符串的连接和按指定次数重复某个字符串，如图 3-3 所示。

运算符	说明	运算规则
+	连接	连接两个字符串，例如 'a' + 'b' = 'ab'
*	重复	重复某个字符串，例如 'a'*3 = 'aaa'

图 3-3　字符型数据运算规则

首先是字符型数据加法运算，也就是字符串的连接。字符型数据运算结果的查看方式与数值型数据运算结果的查看方式不同，需要使用 print 函数进行输出，代码如下所示：

代码输入	结果输出

`# 字符串加法，用于拼接`
`str1 = '谁说菜鸟不会数据分析'`
`str2 = 'Python篇'`
`print(str1 + ' - ' + str2)`
	谁说菜鸟不会数据分析 - Python篇

然后是字符型数据乘法运算的示例，也就是按指定次数重复某个字符串，代码如下所示：

代码输入	结果输出

`# 字符串的乘法，用于重复`
`print('*' * 1)`
`print('*' * 2)`
`print('*' * 3)`
	*
	**
	***

```
print('*' * 4)                    ****
print('*' * 5)                    *****
```

2. 字符型数据切片

字符型数据可以通过切片的方式来访问它的某个片段，例如要获取手机号码中的运营商编码（手机号码前三位），又如需要从身份证号码中获取籍贯地区编码、出生日期编码、性别编码等需求，都需要用到字符型数据的切片。

要理解字符型数据的切片，首先需要理解什么是索引。字符型数据的索引，是指单个字符在字符串中的位置，这个位置从 0 开始递增，也就是正向索引，这是较为常用的方法。

可能你会想为什么索引从 0 开始，而不是从 1 开始？因为二进制计数就是从 0 开始的，所以，索引也是从 0 开始的。你会很快习惯索引从 0 开始，因为这在编程中非常常见。

当然，索引也可以从最后一个字符开始倒序，从 -1 开始倒序递减至字符所在位置，也就是反向索引，如图 3-4 所示。

类型	1	3	8	0	0	1	3	8	0	0	0
正向索引	0	1	2	3	4	5	6	7	8	9	10
反向索引	-11	-10	-9	-8	-7	-6	-5	-4	-3	-2	-1

图 3-4　字符串索引示例

理解了索引后，切片的语法就容易理解了，切片的语法如图 3-5 所示。

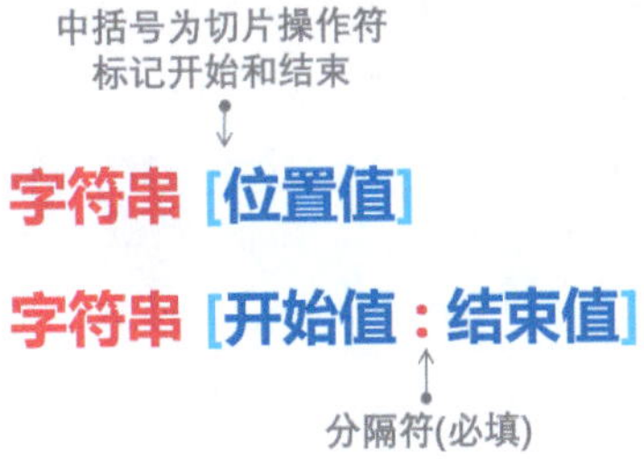

字符串 [位置值]

字符串 [开始值 : 结束值]

图 3-5　切片语法

例如，需要从 13800138000 这个字符串中，截取前三位字符，以得到运营商编码，可以使用以下代码进行切片，代码如下所示：

代码输入	结果输出
`'13800138000'[0:3]`	`'138'`

通过观察，切片的规则是大于等于中括号内开始值，小于结束值。例如 [0:3]，获取出来的是索引为 0、1、2 位置上的字符。

当然也可以使用反向索引进行切片，代码如下所示：

代码输入	结果输出
'13800138000'[-11:-8]	'138'

如果切片的开始值不写，那么代表从首字符开始，如果切片的结束值不写，那么代表一直到结尾的字符，代码如下所示：

代码输入	结果输出
'13800138000'[:3]	'138'
'13800138000'[3:]	'00138000'

3. 字符型数据查找替换

为了方便处理字符型数据，Python 内置了很多字符型数据处理的方法，常用的方法主要有查找和替换函数 startswith、find、replace。

startswith 函数用于判断字符串是否以某个文本开头，startswith 函数的用法，如图 3-6 所示。

startswith(str)	
参数	说明
str	判断字符串是否以str开头

图 3-6　startswith 函数常用参数

find 函数用于在一个字符串中查找某个文本的方法，也就是判断某个文本是否包含在一个字符串中，find 函数的用法，如图 3-7 所示。

find(str)	
参数	说明
str	查找str的索引，-1代表不存在

图 3-7　find 函数常用参数

replace 函数用于将字符串中某个文本使用一个新文本替换掉，replace 函数的用法，如图 3-8 所示。

replace(old_str, new_str)	
参数	说明
old_str	被替换的字符串
new_str	使用new_str替换old_str

图 3-8　replace 函数常用参数

第 3 章 编程基础

对字符串的查找和替换函数有了基本了解之后，下面通过案例学习 startswith、find 和 replace 函数的使用，因为它们都是 Python 内置的字符串处理函数，所以不用导入模块与函数，直接使用即可，代码如下所示：

代码输入	结果输出
string = ' 谁说菜鸟不会数据分析 -Python 篇 '	
# 判断字符串是否以	
# ' 谁说菜鸟不会数据分析 ' 开头	
string.startswith(' 谁说菜鸟不会数据分析 ')	True
# 判断字符串是否以 'Python 篇 ' 开头	
string.startswith('Python 篇 ')	False
# 查找 'Python 篇 ' 在字符串中的位置	
string.find('Python 篇 ')	11
# 查找 ' 入门篇 ' 在字符串中的位置，	
#-1 代表没找到	
string.find(' 入门篇 ')	-1
# 把 'Python 篇 ' 替换为 ' 入门篇 '	
string.replace('Python 篇 ', ' 入门篇 ')	' 谁说菜鸟不会数据分析 - 入门篇 '

4. 字符串格式化

字符串格式化，是指将某种格式的字符串转化为另外一种格式。最简单的字符串格式化应用就是小数的四舍五入，通过指定小数点后面要保留的位数，把小数进行截断。

在 Python 中，使用格式化占位符来格式化字符串，格式化占位符的语法如图 3-9 所示。

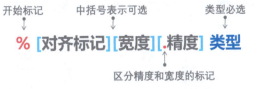

图 3-9 格式化占位符语法

格式化占位符使用 % 作为开始标记，后面跟着对齐标记、宽度、精度和类型。其中，类型是必须使用的部分，而对齐标记、宽度、精度则不是必须使用的部分，它们使用中括号括起来表示它们可以选择性使用。

1）对齐标记，常用的对齐标记有 4 种类型，如图 3-10 所示。
2）宽度，宽度是一个整数，用于指定显示字符串的最小宽度。如果实际输出字符的个数不足指定宽度，则根据左对齐或右对齐进行填充，默认右对齐。如果实际输出字符的个数超出指定宽度，则显示全部。

对齐标记	注释
+	表示显示正负数符号，默认忽略正数的符号，仅适用于数值型
-	表示左对齐，默认是右对齐
' '	空格，表示当位数不够时，用空格填充
0	0，表示当位数不够时，用0填充

图 3-10　格式化占位符常用的对齐标记

3）精度，精度也是一个整数，默认值为 6，它前面有个点，用于区分它和宽度的标记。精度对数值型和字符型有着不同的作用，当它作为格式化数值型数据时，用于指定小数点右边保留的位数，必要时四舍五入或补 0。当它作为字符型数据时，用于限制字符串的长度，如果字符串的长度超过限制，超出限制的字符将被截断。

4）类型，常用的类型有 4 种，如图 3-11 所示。

标记符	注释
%s	字符
%d	整数
%f	小数
%%	字符串%，因为%被用于标记符，所以使用%%代表字符串%

图 3-11　格式化占位符常用的类型

对格式化占位符的语法有了基本了解后，下面通过案例学习如何使用。

要得到格式化后的字符串，首先需要定义一个模板，一个最普通的模板，代码如下所示：

代码输入

```
# 定义一个字符串作为模板，里面包含了最简单的格式化占位符：
# 字符串类型 %s，用于保留姓名的位置
# 整数类型 %d，用于保留年龄的位置
# 小数类型 %f，用于保留身高的位置
introductionFormat = '大家好，我是%s，%d 岁，身高 %fcm。'
```

然后使用姓名为 KEN、年龄为 18 岁、身高为 175.35cm 进行格式化字符串，代码如下所示：

代码输入	结果输出
`# 使用模板来格式化字符串` `introductionFormat % ('KEN', 18, 175.35)`	`'大家好，我是KEN，18 岁，身高 175.350000cm。'`

第 3 章　编程基础

可以看到，小数格式化后，默认保留小数点后 6 位小数，因为小数格式化为字符串最常用，下面继续通过案例学习小数格式化的使用。

首先是学习对齐标记"+"，正常情况下，写一个大于 0 的正数，是不需要在前面加上 + 号的，如果我们需要在正数前面显示 + 号，那么可以在对齐标记位使用 +，代码如下所示：

代码输入	结果输出
# 对齐标记 + `'%+f'` % (3.14159)	`'+3.141590'`

执行代码可以看到，通过在对齐标记位使用 +，即可在正数前显示 + 号。

然后是宽度设置，宽度用于限制格式化后的字符串的最小宽度，代码如下所示：

代码输入	结果输出
# 设置宽度 `'%+3f'` % (3.14159) `'%+10f'` % (3.14159)	`'+3.141590'` `' +3.141590'`

可以看到，+3.141590 的宽度为 9（+ 和 . 也占一个位置），它的宽度超过第一条代码中占位符设置的宽度 3，但是这并不会导致数字的截断。当在第二条代码中将占位符的宽度设置为 10 后，在输出的字符串中，数字的左边，使用一个空格，来填充空余的 1 个位置。在左边填充字符，称为右对齐，是默认的对齐方式。

接下来是精度设置，一般不需要保留 6 位小数，可以使用 **.精度** 来设置有效小数位数，例如只保留两位小数，代码如下所示：

代码输入	结果输出
# 只设置精度为 2，保留两位小数 `'%.2f'` % (3.14159)	`'3.14'`

最后是百分比设置，也就是如何将一个小数，格式化为只保留两位小数百分比的显示方式。处理思路如下：首先把小数乘以 100，然后设置精度为 2 的小数类型，最后在字符串后面加上百分号即可，代码如下所示：

代码输入	结果输出
# 转为百分比表示， # 因为百分号 % 已经被用于占位符， # 所以使用两个百分号 %% 来表示一个百分号 % `'%.2f%%'` % (0.314159 * 100)	`'31.42%'`

3.1.3 逻辑型

逻辑型（Logical），又称为布尔型，一般用于两个变量的比较，或者只有 0 和 1、真和假这两种取值。

在 Excel 中，逻辑型数据通常不直接用于展示，而是通过 IF 函数进行逻辑判断之后，再使用用户容易理解的结果标签进行输出展示，如图 3-12 所示，参加或不参加就是结果标签。

图 3-12　Excel 中逻辑型数据

在 Python 中直接输入 True 或 False，即可定义一个逻辑型数据，如图 3-13 所示，需要注意的是首字母必须是大写，其他字母小写。

值	说明
True	真
False	假

图 3-13　逻辑型数据

代码输入	结果输出

# 分别给变量 t、f 赋值为 True 和 False 	
t = True
f = False	

下面通过案例学习逻辑型数据的使用，首先将 x 的值赋值为 1，y 的值赋值为 2，然后 z 的值等于 x 大于 y 的逻辑判断结果，如果 x 大于 y，那么返回 True，否则返回 False，代码如下所示：

代码输入	结果输出

# 将 1 和 2 分别赋值给变量 x 和 y 	
x = 1
y = 2	

# 比较两个变量大小 	
# 如果大于，那么返回 True，否则返回 False 	
z = x > y
# 查看结果 	
z
	False

执行代码，查看结果，可以看到，因为 x 大于 y，也就是 1 大于 2 的逻辑判断是错的，因此，z 的结果为 False。

逻辑型数据的运算规则，总共有三种，分别为与、或、非，如图 3-14 所示。

运算符	说明	运算规则
&	与	两个逻辑型数据中，一个逻辑型数据为假，结果为假
|	或	两个逻辑型数据中，一个逻辑型数据为真，结果为真
not	非	取相反值，非真为假，非假为真

图 3-14　逻辑型数据运算规则

下面通过案例来学习逻辑型数据的运算规则，代码如下所示：

代码输入	结果输出
# 与运算，只要一个为假，那么结果为假	
True & True	True
True & False	False
False & False	False
# 或运算，只要一个为真，那么结果为真	
True | True	True
True | False	True
False | False	False
# 非运算，不真为假，不假为真	
not True	False
not False	True

3.2　赋值和变量

3.2.1　赋值和变量

赋值，是指将数据传递给变量的过程，而变量就是数据赋值的对象。在 Python 中进行数据分析主要就是通过变量对数据进行操作和计算。

在 Python 中使用等号进行赋值，赋值可以将得到的计算结果进行保存，这样做的好处，除了可以避免重复计算之外，还方便进行多次调用。例如，需要计算 123×321/(321-123) 的结果，可以直接一次性进行计算，也可以按照以下步骤进行计算：

STEP 01　把 123×321 的结果赋值给变量 r：

代码输入
r = 123 * 321

谁说菜鸟不会数据分析（Python 篇）

STEP 02 计算剩下的部分，执行代码，即可得到结果：

代码输入	结果输出
r / (321 - 123)	199.4090909090909

3.2.2 变量命名规则

变量名的命名规则，如下所示：

★ 由 a ~ z, A ~ Z, 数字, 下画线（_）组成, 首字母不能为数字和下画线（_）。
★ 大小写敏感, 变量 a 和变量 A 是不同的变量。
★ 变量名不能为 Python 中的保留字。

保留字，是指 Python 中用于编程语法的单词，在程序中已经有了特殊的作用，因此不能再作为变量名使用。Python 中的保留字，如图 3-15 所示。

保留字	说明	保留字	说明	保留字	说明
import	包导入	from	包导入	class	类定义
def	函数定义	lambda	函数简化	return	函数返回值
try	异常捕捉	except	异常处理	finally	异常必然执行
global	全局变量	with	上下文处理	assert	断言
while	循环	for	循环	raise	抛出异常
if	逻辑判断	elif	逻辑判断	else	逻辑判断
and	并且	or	或者	not	取反
break	跳出循环	pass	继续执行	continue	继续执行
del	删除变量	in	集合包含判断	is	类型判断
exec	从字符串中执行	yield	迭代生成器	print	控制台输出

图 3-15 Python 保留字

Python 中一些常见的正确变量命名以及错误变量命名，如图 3-16 所示。

正确命名	说明	错误命名	说明
x	符合变量命名规则	_x	首字母不能是下画线
X_1	符合变量命名规则	1x	首字母不能为数字
x1	符合变量命名规则	True	True是Python中的保留字
student	符合变量命名规则	class	class是Python中的保留字

图 3-16 Python 变量名

变量名的命名规则无须死记硬背，正所谓熟能生巧，代码编写多了，这几个规则自然而然就记住了。

3.3 数据结构

无论是逻辑型、数值型还是字符型数据，它们都是独立存在的，在现实生活中，很多时候数据都是以集合的形式出现，如图 3-17 所示。

姓名	年龄	性别
张三	23	男
李四	25	女
……	……	……

图 3-17　个人资料表

在编程语言中，经常把这种相互之间存在一种或多种特定关系的数据元素的集合，称为数据结构。在日常的工作中，一般不会直接操作单个数据类型，而是通过操作数据结构，来达到操作数据的目的。

学习一种数据结构，可以从八个方面去学习：

★ 概念：这种数据结构是什么？
★ 定义：如何定义这种数据结构？
★ 限制：使用这种数据结构有什么限制？
★ 访问：如何访问这种数据结构内的数据？
★ 查找：如何查找数据结构中某个值或某些值？
★ 增加：如何往数据结构中增加新的值？
★ 修改：如何修改数据结构中的值？
★ 删除：如何删除数据结构中的值？

用 Python 进行数据分析，常用的数据结构包括列表（List）、字典（Dictionary）、序列（Series）和数据框（DataFrame），其中列表与字典是 Python 自带的数据结构，而序列和数据框是 Pandas 模块中的数据结构。

3.3.1　列表

1. 概念

列表（List）又称为数组，用于按照顺序存储多个数据的数据集合，示例如图 3-18 所示。

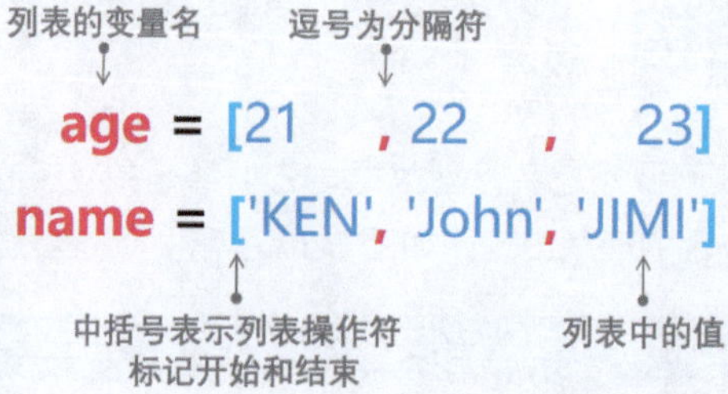

```
                列表的变量名    逗号为分隔符

                age = [21  , 22  ,  23]
                name = ['KEN', 'John', 'JIMI']

                中括号表示列表操作符          列表中的值
                 标记开始和结束
```

图 3-18 列表示例

2. 定义

在 Python 中，使用中括号包含列表中的数据，数据间使用逗号分隔，如图 3-18 所示，定义列表的代码如下所示：

代码输入

```python
# 定义一个列表
age = [21, 22, 23, 24, 25]
name = ['KEN', 'John', 'JIMI']
```

在上面的代码中，定义了一个名为 age 的列表，里面有 5 个数值型的数据，还有一个名为 name 的列表，里面有 3 个字符型的数据。

3. 限制

定义的列表并没有数据类型的限制，一个列表里可以是任意同一种数据类型，也可以是多种数据类型混合。

4. 访问

列表中数据的访问，可以使用索引以及索引切片的方式进行访问，代码如下所示：

代码输入	结果输出
# 通过位置访问列表中的数据	
# 0 代表第一位的数据	
age[0]	21
# 2 代表第三位的数据	
age[2]	23
# 0 代表第一位的数据	
name[0]	'KEN'
# 2 代表第三位的数据	
name[2]	'JIMI'

第 3 章　编程基础

```
# 通过切片访问列表中的数据
# 0:2 代表位置于 [0，2) 中的数据
# 也就是 0、1 的位置
```

age[0:2]	[21, 22]
name[0:2]	['KEN', 'John']

5. 查找

查找，就是判断某个值或某些值，是否存在于一个列表中。通常可以使用"in"操作符，来判断值是否存在于列表中。如果数据包含在列表中，那么返回 True，如果数据不包含在列表中，那么返回 False，代码如下所示：

代码输入	结果输出
# 判断数据是否在列表中	
# 使用 in 关键字进行判断即可	
21 in age	True
'JIMI' in name	True
# 如果数据不在列表中，会返回 False	
28 in age	False
'Test' in name	False

6. 增加

列表增加数据可以使用 append 函数和 extend 函数。append 函数用于增加一个数据，它的常用参数如图 3-19 所示。而 extend 函数用于把另外一个列表添加到当前列表中，它的常用参数如图 3-20 所示。

list.append(object)	
参数	说明
object	要增加的数据

图 3-19　列表 append 函数常用参数

list.extend(object)	
参数	说明
object	要增加的另外一个列表

图 3-20　列表 extend 函数常用参数

下面一起来看看如何往列表中增加数据，代码如下所示：

代码输入	结果输出

# 新建一个空的列表，用于保存所有的 name 	
allName = []
# 往列表中增加个数据 	
allName.append('刘一')
allName.append('陈二')
allName
	['刘一', '陈二']

# 定义两个列表 	
name1 = ['张三', '李四', '王五']
name2 = ['赵六', '孙七', '周八']
# 往列表中，追加另外整个列表 	
allName.extend(name1)
allName.extend(name2)
allName
	['刘一', '陈二', '张三', '李四', '王五', '赵六', '孙七', '周八']

7. 修改

如果需要对列表中的数据进行修改，那么使用访问的语法，对列表中需要修改的地方重新赋值即可，代码如下所示：

代码输入	结果输出

# 修改列表中的数据，按照访问的语法， 	
# 对列表对应的位置值进行修改即可 	
# 修改 0 也就是第一位的值 	
allName[0] = '刘1'
allName
	['刘1', '陈二', '张三', '李四', '王五', '赵六', '孙七', '周八']

# 修改 1、2，也就是第二位和第三位的值 allName[1:3] = ['陈2', '张3'] allName	['刘1', '陈2', '张3', '李四', '王五', '赵六', '孙七', '周八']

8. 删除

有时候列表中会存在我们不需要的数据，这时可以使用 del 关键字或者列表的 remove 函数，删除列表中的值。del 关键字，主要用于根据列表中的位置来删除列表中的值，而 remove 函数，则是根据数据值来删除列表中的值，它的常用参数如图 3-21 所示。

list.remove(object)	
参数	说明
object	要删除的数据值

图 3-21 列表 remove 函数常用参数

第 3 章 编程基础

示例代码如下所示：

代码输入	结果输出
# 按照位置删除列表中的数据 # 删除 0 也就是第一位的数据 del allName[0]	['陈2', '张3', '李四', '王五', '赵六', '孙七', '周八']

# 按照值删除列表中的数据 	
# 删除列表中值为 '陈2' 的数据 	
allName.remove('陈2')
	['张3', '李四', '王五', '赵六', '孙七', '周八']

3.3.2 字典

1. 概念

字典（Dictionary）是 Python 中的一种数据结构，它由键（key）和值（value）成对组成，每个键与值用冒号（:）分隔，键值对定义的语法如图 3-22 所示。

键名：值

图 3-22　字典键值对定义语法

键值对和列表类似，每个键值对之间用逗号","分隔，键可以是任意数据类型，如图 3-23 所示，示例中的键就是字符串；值则可以是任意数据类型和数据结构，如图 3-23 所示的字典，值就是列表。字典的优点是取值方便，速度快。

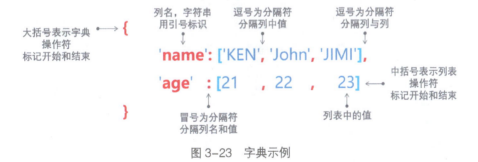

图 3-23　字典示例

2. 定义

在 Python 中，使用大括号定义字典，直接使用大括号可以定义一个空的字典，代码如下所示：

代码输入	结果输出

# 创建空字典 	
data = {}
data
	{}

下面创建一个 name 和 age 作为 key，对应的 name、age 信息列作为 value，代码如下所示：

代码输入
| ```python
# 创建以 name 和 age 为 key，对应的 name、age 信息列为 value 的字典
data = {
    'name': ['KEN', 'John', 'JIMI'],
    'age': [21, 22, 23]
}
``` |

执行代码后，在 Spyder 界面右上角的变量浏览窗口（Variable explorer）中，双击变量 data 所在的行，即可弹出打开变量 data 的数据窗口，可以看到变量 data 的具体数据，如图 3-24 所示。

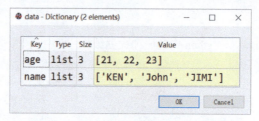

图 3-24　字典

在上面的代码中，使用字典定义了两列数据，第一列的列名为 name，列的值是一个列表，里面有三个字符型数据；第二列的列名为 age，列的值也是一个列表，里面有三个数值型数据。

3. 限制

定义字典并没有数据类型的限制，键与值都没有数据类型的限制。但是在字典中，键是唯一的，如果出现重复的键，那么前面的键对应的值，就会被后面的键对应的值所覆盖，也就是字典只会保留最后一次出现的键值对。

4. 访问

字典通过中括号内加上键名来访问字典中该键对应的值，语法如图 3-25 所示。

字典变量名 [键名]

图 3-25　字典访问语法

我们来看具体的字典访问案例，代码如下所示：

代码输入	结果输出
| ```python
# 访问 name 这一列
data['name']
``` | `['KEN', 'John', 'JIMI']` |

```
# 访问 age 这一列
data['age']                                [21, 22, 23]
```

另外，可以使用 keys 函数，来访问字典中的所有键，可以使用 values 函数，来访问字典中的所有值，代码如下所示：

代码输入	结果输出
`# 通过 keys 函数，获取字典中的所有键` `data.keys()`	`dict_keys(['name', 'age'])`
`# 通过 values 函数，获取字典中的所有值` `data.values()`	`dict_values([['KEN', 'John', 'JIMI'], [21, 22, 23]])`

5. 查找

因为字典中分为键和值两部分，因此，需要在字典中查找某个数据，先要确定要查找的是键还是值，然后再通过使用"in"操作符，来判断要查找的值是否存在于键/值中，代码如下所示：

代码输入	结果输出
`# 判断 age 是否在字典 data 的键中` `'age' in data.keys()`	True
`# 判断 gender 是否在字典 data 的键中` `'gender' in data.keys()`	False

6. 增加

字典中增加键值对的语法如图 3-26 所示。

字典变量名 [键名] = 值

图 3-26　字典增加 / 修改语法

我们来看具体的字典增加案例，代码如下所示：

代码输入	结果输出

`# 修改字典 data 的键 gender 的值`
`data['gender'] = ['male', 'male', 'male']`
`data`
	`{'name': ['KEN', 'John', 'JIMI'], 'age': [21, 22, 23], 'gender':['male','male','male']}`

7. 修改

字典中键值对的修改的语法与增加的语法是一样的，如图 3-26 所示，因为字典只会保留最后一次出现的键值对，所以如果值存在，则覆盖值，如果值不存在，则增加值，代码如下所示：

代码输入	结果输出

`# 修改字典 data 的键 gender 的值`
`data['gender'] = ['male', 'male', 'female']`
`data`
	`{'name': ['KEN', 'John', 'JIMI'], 'age': [21, 22, 23], 'gender':['male','male','female']}`

8. 删除

如果想删除字典中不需要的键值对，删除的语法如图 3-27 所示，即可根据键来删除字典中的键值对。

del 字典变量名 [键名]

图 3-27 字典删除语法

我们来看具体的字典删除案例，代码如下所示：

代码输入	结果输出

`# 删除字典 data 的键 age`
`del data['age']`
`data`
	`{'name': ['KEN', 'John', 'JIMI'], 'gender':['male','male','female']}`

3.3.3 序列

1. 概念

序列（Series）是用于存储一行或者一列的数据，以及与之相对应的索引的集合，如图 3-28 所示。

index	A
0	张三
1	李四
2	王五

图 3-28 序列示例

序列可以理解为 Excel 表格中的一列数据，但是，这一列没有列名，因为它只有一列，所以也不需要列名。它除了可以保存一组数据之外，如图 3-28 中的 A 列，还可以指定一个索引列。

通过对应的索引值，可以访问到列表中对应位置的值，例如可以通过索引值 2 访问到王五，索引值 1 访问到李四，索引值 0 访问到张三。

2. 定义

通过 Pandas 的 Series 函数，可以定义序列，Series 函数的常用参数，如图 3-29 所示。

pandas.Series(data=None, index=None)	
参数	说明
data	数据，用数组表示即可，默认为空数据
index	索引，方便快速找到某个数据，默认为空数据

图 3-29　Series 函数常用参数

下面给 pandas.Series 函数传入一个列表作为数据，里面包含了三个不同类型的数据，分别为字符型 'a'、逻辑型 True 和数值型 3，列表中的各个数据需要使用中括号括起来，代码如下所示：

代码输入

```python
import pandas
# 定义序列，通过 data 参数指定数据，然后将定义好的序列，赋值给 x
x = pandas.Series(
    data=['a', True, 3]
)
```

执行代码后，在 Spyder 界面右上角的变量浏览窗口（Variable explorer）中，双击变量 x 所在的行，即可弹出打开变量 x 的数据窗口，即可查看变量 x 的具体数据，如图 3-30 所示，可以看到变量使用的是默认索引，默认索引从 0 开始，然后往下依次递增。

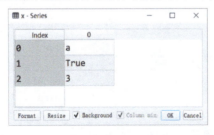

图 3-30　变量数据窗口

如果不希望使用默认索引，需要自定义索引列，则可以通过 pandas.Series 函数的 index 参数进行自定义索引设置，自定义索引也是一个列表，同样需要使用中括号括起来，代码如下所示：

代码输入

```python
# 通过 index 参数，指定索引
x = pandas.Series(
    data=['a', True, 3],
    index=['first', 'second', 'third']
)
```

执行代码后，在 Spyder 界面右上角的变量浏览窗口（Variable explorer）中，打开变量 x，可以看到，通过指定 index 后，index 列就是自定义的索引，如图 3-31 所示。

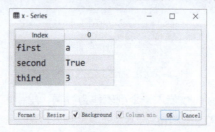

图 3-31　序列自定义索引示例

3. 限制

定义序列并没有数据类型的限制，可以是任何数据类型，也可以是多种数据类型混合，图 3-31 的例子已经验证了这一点。

4. 访问

序列中数值的访问，可以使用索引以及索引切片的方式进行访问，代码如下所示：

代码输入	结果输出
`# 通过默认索引，访问序列中的特定位置的值` `x[1]`	True
`# 通过自定义索引，访问序列中的特定位置的值` `x['second']`	True
`# 通过切片的方式，访问序列中多个位置的值` `x[1:3]`	second True third 3 dtype: object

`# 通过指定位置的列表，按指定位置返回值`
`# 两个中括号的用法：`
`# 1. 外面的中括号用于取值；`
`# 2. 里面的中括号是一个列表，取多个位置值`
`x[[2, 0, 1]]`
	third 3
	first a
	second True
	dtype: object

注意，如果越界访问了序列，例如：x[3]，因为不存在 3 这个位置，就会得到一个 IndexError: index out of bounds 的异常信息。

5. 查找

查找，就是判断某个值或者某些值，是否存在一个序列中。通常可以使用"in"操作符，来判断值是否存在于序列中。值得注意的是，在使用"in"操作符时，因为序列包含值（values）和索引（index），所以，需要先确定是要查找值还是索引。如果对序列使用"in"操作符，未指定 index 还是 values，那么序列会默认使用 index，代码如下所示：

代码输入	结果输出
# 使用 in 关键字，未指定 index 还是 values， # 默认判断 'first' 是否在序列 x 的索引中 `'first' in x`	True
# 使用 in 关键字， # 判断 'first' 是否在序列 x 的索引中 `'first' in x.index`	True
# 使用 in 关键字， # 判断 '2' 是否在序列 x 的值中 `'2' in x.values`	False

判断一个集合，是否是另外一个集合的子集，可以使用 isin 函数，代码如下所示：

代码输入	结果输出
# 判断 True, 'a' 是否都在 x 的值中 `x.isin([True, 'a'])`	first　　True second　True third　　False dtype: bool

可以看到，因为 True 和 a 都在序列 x 中存在，因此在对应索引位置的值，都返回了 True，在第三个位置，也就是 3 所在的位置，因为没有匹配上 True 和 a，因此该位置返回 False。

6. 增加

序列的 append 函数可以往序列中增加数据，append 函数的常用参数有两个，如图 3-32 所示。

pandas.Series.append(to_append, ignore_index=False)	
参数	说明
to_append	要追加的序列，注意一定要是序列
ignore_index	是否忽略新加入序列的索引，默认 False，不忽略

图 3-32　序列 append 函数常用参数

追加数据需要注意两点：

第一，序列增加数据，需要生成新的序列（包含数据与对应的索引），再调用 append 函数进行追加，序列不允许只追加数据，需要与对应的索引一起追加，例如：x.append('2')，就会出现 TypeError: cannot concatenate object of type "<class 'str'>"; only pd.Series, pd.DataFrame, and pd.Panel (deprecated) objs are valid 的异常。

这个异常是什么意思呢？因为序列不仅仅包含了值，还包含了索引，因此，如果只是追加单个值，就会造成这个异常。所以，即使是要追加单个数据，也需要生成新的序列，然后再调用 append 函数进行追加，代码如下所示：

代码输入	结果输出

`# append 方法，可以追加一个序列`
`ns = pandas.Series(['2'])`
`x.append(ns)`
	first a
	second True
	third 3
	0 2
	dtype: object

执行代码，可以看到，数据已追加进去。

第二，append 函数并不会修改原来的序列，如果需要修改，则需要对原来的序列进行重新赋值，代码如下所示：

代码输入	结果输出

`# 需要修改 x，则需要对 x 进行重新赋值`
`x = x.append(ns)`
`x`
	first a
	second True
	third 3
	0 2
	dtype: object

执行代码，输出变量 x，可以看到，数据已追加到变量 x 中。

7. 修改

要修改序列中某个位置的值，只需要根据它的索引进行修改并重新赋值即可。我们在刚才序列追加后重新赋值的变量 x 的基础上（如图 3-33 所示），对其数据值进行修改。

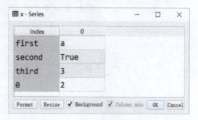

图 3-33 修改前的序列

序列中数据值修改代码如下所示：

代码输入

```python
# 根据索引，进行修改
x['first'] = '入门篇'
# 根据多个索引进行修改，多个索引用列表进行表示
x[['second', 'third']] = ['工具篇', 'Python篇']
```

执行代码，打开变量 x，可以看到，变量 x 的数据已被修改。

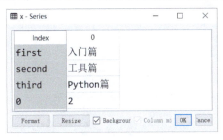

图 3-34　修改后的序列

8. 删除

要删除序列中某个位置的值，可以根据它的索引使用 drop 函数进行删除，drop 函数的常用参数有 3 个，如图 3-35 所示。

pandas.Series.drop(labels, inplace=False, errors='raise')	
参数	说明
labels	要删除的索引，可以是单个，也可以是多个
inplace	是否修改原来的序列，默认为 False，也就是不修改
errors	labels 不存在时的处理方式，默认为 raise，即提示异常，ignore 为不提示异常，一般采用默认即可

图 3-35　序列 drop 函数常用参数

首先，我们来看一下如何在序列使用默认索引的时候，使用 drop 函数根据默认索引删除序列中的数据，代码如下所示：

代码输入　　　　　　　　　　　　　　　**结果输出**

```python
# 使用默认索引，对 x 重新赋值
x = pandas.Series(
    ['1', '2', '3']
)
# 根据一个 索引 删除
x.drop(0)
```

```
1    2
2    3
dtype: object
```

```
# 根据多个 索引 删除
x.drop([0, 1])                            2    3
                                          dtype: object
```

接着,我们来看一下如何在序列使用自定义索引的时候,使用 drop 函数根据自定义索引删除序列中的数据,代码如下所示:

代码输入	结果输出

`# 使用自定义索引,对 x 重新赋值`
`x = pandas.Series(`
`    ['1', '2', '3'],`
`    index=['first', 'second', 'third']`
`)`
`# 根据一个 索引 删除`
`x.drop('first')`
	second 2
	third 3
	dtype: object

`# 根据多个 索引 删除` `x.drop(['first', 'second'])`	third 3 dtype: object

最后提醒一下,所有对序列的修改和删除,同样都需要对变量进行重新赋值,才能够对原来的变量进行修改。

3.3.4 数据框

1. 概念

数据框(DataFrame)用于存储多行和多列的数据集合,就像 Excel 表格一样,如图 3-36 所示,就是一个典型的数据框。

index	name	age
0	KEN	21
1	John	22
2	JIMI	23

列
总共两列
这是第一列

图 3-36　数据框图解 1——列

数据框的不同列可以是不同的数据类型,如图 3-36 所示,这个数据框有两列数据,黄色箭头所指向的就是数据框的第一列,数据类型为字符型,第二列数据类型为数值型。每一列都有一个列名,如图 3-37 所示,红色箭头所指向的列名分别为 name、age。

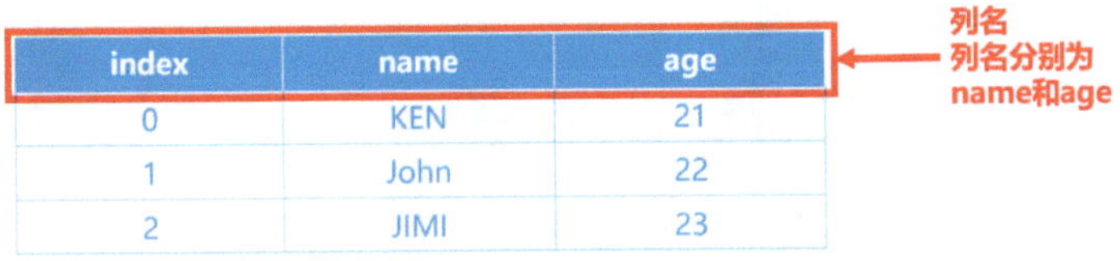

第 3 章 编程基础

index	name	age
0	KEN	21
1	John	22
2	JIMI	23

列名：列名分别为 name 和 age

图 3-37　数据框图解 2——列名

数据框中的行，如图 3-38 所示，数据框有三行，绿色箭头所指的部分就是数据框中的第三行。

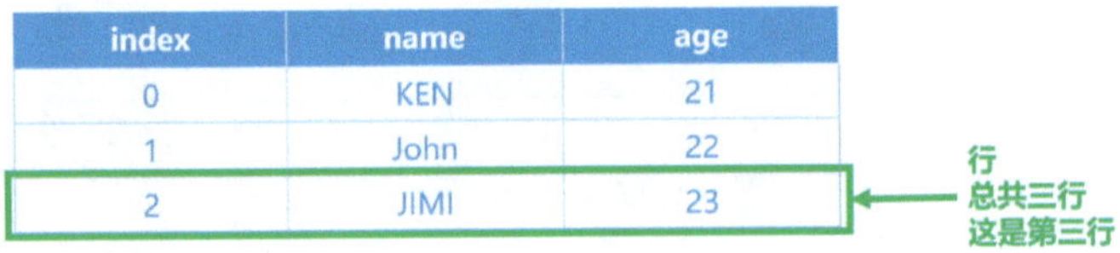

index	name	age
0	KEN	21
1	John	22
2	JIMI	23

行：总共三行，这是第三行

图 3-38　数据框图解 3——行

数据框的最小单元为位置，如图 3-39 所示，紫色箭头指向的就是数据框中三行二列的位置，因为它所在的行是数据框的第三行，所在列是数据框的第二列。

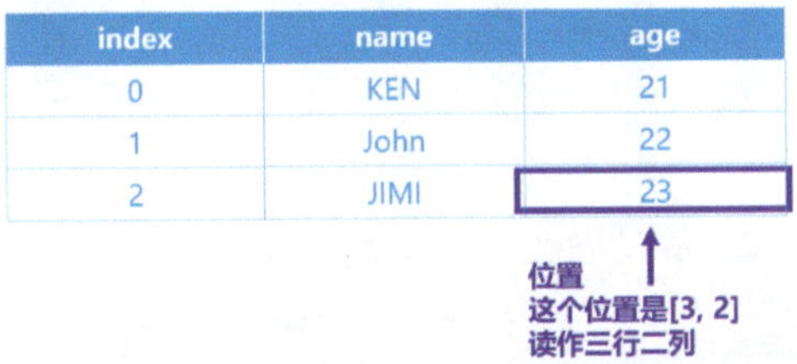

index	name	age
0	KEN	21
1	John	22
2	JIMI	23

位置：这个位置是 [3, 2]，读作三行二列

图 3-39　数据框图解 4——位置

和序列一样，数据框也有索引列，数据框中的每一行，都有对应的索引，如图 3-40 所示，蓝色箭头所指的部分，就是索引列。

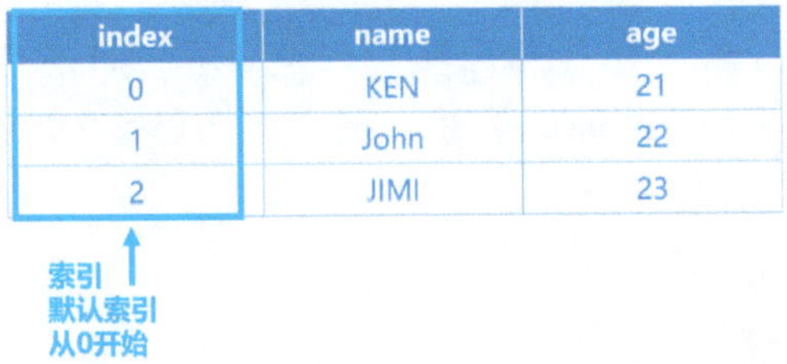

index	name	age
0	KEN	21
1	John	22
2	JIMI	23

索引：默认索引从 0 开始

图 3-40　数据框图解 5——索引

2. 定义

通过 pandas 模块的 DataFrame 函数，可以定义数据框，常用参数有三个，如图 3-41 所示。

73

pandas.DataFrame(data=None, index=None, columns=None)	
参数	说明
data	数据，用字典表示，默认为空
index	索引，方便快速找到某个数据，默认为空
columns	数据中要使用的列，可用于控制列的顺序，默认为空

图 3-41　DataFrame 函数常用参数

下面使用 DataFrame 函数，通过字典来生成数据框，代码如下所示：

代码输入

```python
import pandas
# 定义数据框，通过 data 参数，指定数据
dataFrame = pandas.DataFrame(
    data={
        'name': ['KEN', 'John', 'JIMI'],
        'age': [21, 22, 23]
    }
)
```

执行代码，得到的数据框如图 3-42 所示。

图 3-42　数据框 1

可以看到，该数据框使用了默认索引，数据总共有三行，所以默认索引从 0 到 2。数据框如果需要自定义索引，可以通过 index 参数进行指定，代码如下所示：

代码输入

```python
# 定义数据框，通过 index 参数，指定索引
dataFrame = pandas.DataFrame(
    data={
        'age': [21, 22, 23],
        'name': ['KEN', 'John', 'JIMI']
    },
    index=['first', 'second', 'third']
)
```

执行代码，得到数据框如图 3-43 所示。

图 3-43　数据框 2

在 Python 3 中，数据框列名的顺序是按照列名进行升序排列，从前面两段代码就可以看出，不论字典中键值对如何放置，列名的顺序都是按照 age、name 的顺序排列，如果需要改变数据框中列的顺序，例如需要把 name 列放在第一列，age 列放在第二列，那么可以通过 columns 参数来进行设置，代码如下所示：

代码输入

```python
# 定义数据框，通过 data 参数，指定数据
# 通过 columns 参数，指定使用列和顺序
dataFrame = pandas.DataFrame(
    data={
        'name': ['KEN', 'John', 'JIMI'],
        'age': [21, 22, 23],
        'other': ['a', 'b', 'c']
    },
    columns=['name', 'age']
)
```

执行代码，得到的数据框如图 3-44 所示。

图 3-44　数据框 3

可以看到，尽管代码中字典定义了 other 列，但是 columns 参数里面只有 name 和 age，所以得到的数据框中的列也只有 name 和 age 两列。

3. 限制

数据框中的每一列都是一个序列，因此和序列一样，数据框也没有数据类型的限制，即不同列数据之间可以是不同的数据类型，同一列数据之间也可以是不同的数据类型。但是根据数据规范，进行数据分析时，一般都要求同一列数据是同一数据类型，这样才方便后续的数据处理、分析。

4. 访问

数据框的访问方式有多种，可以按列名、行序号、索引方式进行访问，当索引为默认索引时，行序号就是默认索引。

首先是按列名访问，只需要在数据框后面使用中括号加上列名，即可访问到对应的列，代码如下所示：

代码输入	结果输出
# 按列访问，访问一列 dataFrame['age']	0 21 1 22 2 23 Name: age, dtype: int64

如果需要访问多列，那么可以使用列表的方式，使用中括号包含多个列名定义一个列表，传进数据框的中括号中，即可访问多列数据，代码如下所示：

代码输入	结果输出
# 按列访问，访问多列，这里有两个中括号。 # 第一个中括号是指从数据框中按列取值 # 第二个中括号是一个列表，代表有多列 dataFrame[['name', 'age']]	name age 0 KEN 21 1 John 22 2 JIMI 23

要访问数据框中的一行或者多行，可以使用数据框的 loc 或 iloc 属性进行访问。loc 和 iloc 之间的差别是，如果数据框使用自定义索引，那么使用 loc 属性访问行，如果数据框使用默认索引，那么使用 iloc 属性访问行，代码如下所示：

代码输入	结果输出
# 按行序号访问单行 # 返回一个以列名为索引的序列 dataFrame.iloc[2]	name JIMI age 23 Name: 2, dtype: object

```
# 按行序号的切片访问多行
dataFrame.iloc[0:2]
```
```
   name  age
0  KEN   21
1  John  22
```

5. 查找

数据框的查找，主要体现为根据某些条件进行过滤，也称为记录抽取，这个将在数据处理章节进行详细的讲解。

6. 增加

数据框增加行记录，和序列一样，可以通过数据框的 append 函数把两个数据框合并起来，append 函数常用参数有两个，如图 3-45 所示。

| pandas.DataFrame.append(to_append, ignore_index=False) ||
参数	说明
to_append	要追加的数据框，注意一定要是数据框
ignore_index	是否忽略新加入数据框的索引，默认 False，不忽略

图 3-45　数据框 append 函数常用参数

下面新建一个数据框，然后把它追加到原来的数据框中，代码如下所示：

代码输入

```
# 定义新数据框，通过 data 参数指定数据
nDataFrame = pandas.DataFrame(
    data={
        'age': [24, 25, 26],
        'name': ['Mike', 'Nick', 'Lining']
    }
)
# 将 nDataFrame 追加到 dataFrame 中
dataFrame.append(nDataFrame)
```

结果输出

```
   age  name
0  21   KEN
1  22   John
2  23   JIMI
0  24   Mike
1  25   Nick
2  26   Lining
```

这里需要注意的是，数据框的 append 函数与序列的 append 函数一样，不会直接修改数据框中的值，而是把合并之后的数据框作为返回值进行返回。如果需要将合并后的数据进行保存，那么需要将合并之后的数据框赋值给原来的数据框变量，或者赋值给新的数据框变量。代码如下所示：

代码输入	结果输出
dataFrame	``````name age
0   KEN   21
1   John 22
2   JIMI 23``````
``# 对原来的数据框重新赋值,保存追加后的数据
dataFrame = dataFrame.append(nDataFrame)
dataFrame``````	`````` age name
0 21   KEN
1 22   John
2 23   JIMI
0 24   Mike
1 25   Nick
2 26   Lining``````

数据框增加新列,可以通过单独对新增的一列进行赋值的方式增加,代码如下所示:

代码输入	结果输出
``# 增加列
注意新增列的行数要和数据框的行数一致
dataFrame['class'] = [1, 2, 3, 4, 5, 6]
dataFrame``````	`````` age name class
0 21   KEN   1
1 22   John   2
2 23   JIMI   3
0 24   Mike   4
1 25   Nick   5
2 26   Lining 6``````

7. 修改

不仅可以修改数据框中的值,还可以修改数据框的列名以及行索引。重新生成数据框,代码如下所示:

代码输入
``# 重新生成数据框
dataFrame = pandas.DataFrame(
data={
'age': [21, 22, 23],
'name': ['KEN', 'John', 'JIMI']
}
)``````

使用数据框的 columns 属性获取和修改列名,然后重新设置新的列名,代码如下所示:

第 3 章　编程基础

代码输入	结果输出
# 获取列名 dataFrame.columns	Index(['age', 'name'], dtype='object')

# 重新设置列名 	
dataFrame.columns = ['Age', 'Name']
dataFrame
	Age　Name
	0　21　KEN
	1　22　John
	2　23　JIMI

使用数据框的 index 属性，获取和修改行索引，代码如下所示：

代码输入	结果输出
# 获取行索引 dataFrame.index	RangeIndex(start=0, stop=3, step=1)

# 修改行索引 	
dataFrame.index = [1, 2, 3]
dataFrame
	Age　Name
	1　21　KEN
	2　22　John
	3　23　JIMI

使用数据框的 at 属性，根据行和列的位置，获取和修改数据框中具体位置的值，如图 3-46 所示。

pandas.DataFrame.at[index, column]	
参数	说明
index	数据所在的行索引
column	数据所在的列名

图 3-46　数据框 at 属性

获取和修改数据框中值的代码如下所示：

代码输入	结果输出
# 获取索引为 1，列名为 Name 的位置的值 dataFrame.at[1, 'Name']	'KEN'
# 修改一个具体位置的值 # 修改索引为 1，列名为 Name 的值为 KENNY dataFrame.at[1, 'Name'] = 'KENNY' dataFrame	Age　Name 1　21　KENNY 2　22　John 3　23　JIMI

8. 删除

对于数据框来说，删除只有两种操作，删除行和删除列，可以使用数据框的 drop 函数，根据列名删除列，根据行索引删除行。

| pandas.DataFrame.drop(labels, axis=0, inplace=False, errors='raise') ||
参数	说明
labels	要删除数据行对应的索引，可以是单个，也可以是多个
axis	0代表index，也就是行，1代表column，也就是列
inplace	是否修改原来的序列，默认为False，也就是不修改
errors	labels不存在时是否抛出异常，默认为raise，抛出

图 3-47　数据框 drop 函数常用参数

代码输入	结果输出
`# 根据行索引，删除行` `dataFrame.drop(1, axis=0)`	Age　Name 2　22　John 3　23　JIMI
`# 根据列名，删除列` `dataFrame.drop('Age', axis=1)`	Name 1　KENNY 2　John 3　JIMI

如果要保存删除后的数据框结果，同样要对原数据框变量进行重新赋值，或者赋值给新的数据框变量。

3.3.5　四种数据结构的区别

了解了 Python 数据分析中常用的四种数据结构列表、字典、序列和数据框后，可以总结出它们之间的特点与区别，如图 3-48 所示。

项目	列表	字典	序列	数据框
模块	Python自带	Python自带	Pandas	Pandas
数据类型限制	无限制	Key唯一 值无限制	无限制	无限制
数据统计函数	无	无	有	有
数据处理函数	无	无	有	有
特点	有序列表	快速访问	高级列表	序列的组合

图 3-48　四种数据结构的特点与区别

第 3 章 编程基础

首先，列表是 Python 自带的数据结构，它可以表示多个数据，是组织数据的最简单方式，直接使用中括号，把用逗号分隔开的数据括起来即可，然后就可以使用位置索引操作数据。字典也是 Python 自带的数据结构，字典的优点是可以根据 key 值快速访问字典中的值。

但是仅仅这些数据操作对于数据分析来说是远远不够的，具体体现在数据处理、计算方面的不足。例如需要对列表中的数据进行求和、均值、标准差或更复杂的计算时，列表自带的函数是无法满足这些计算要求的。又比如需要对列表中的数据进行数据匹配、抽取、转换等数据处理时，列表自带的函数也是无法满足这些数据处理需求的。

所以，Pandas 就在 Python 自带列表的基础上，定义了新的数据结构——序列。Pandas 在序列中提供丰富数据统计函数，例如求和、均值、标准差等数理统计函数。序列中的数据如果是字符型数据，可直接调用 pandas.Series.str 模块，即可轻松地处理字符型数据。序列中的数据如果是时间型数据，可直接调用 pandas.Series.dt 模块，即可轻松地处理时间型数据计算问题。

最后，数据框由多个序列组成，每个序列在数据框中都有自己的一个名字，那就是列名，可以通过列名，在数据框中获取对应列的数据，这一列数据其实就是一个序列。数据框提供多种计算类的函数，例如计算多个列的相关系数（pandas.DataFrame.corr）函数，匹配组合多个列数据（pandas.DataFrame.merge）函数，对多个列进行交叉分析（pandas.DataFrame.pivot_table）函数，等等。

综上所述，序列、数据框是数据分析中最常用的数据结构，但并不代表不需要了解列表、字典，恰恰相反，对列表、字典相关知识有一定的了解，在 Python 中才能更好地使用序列与数据框进行数据处理、分析操作。

3.4 向量化运算

什么是向量化运算呢？举个例子，在 Excel 里面，如图 3-49 所示，我们要对 A 列进行平方运算，只需要在 B 列的单元格 B2 中写上 =POWER(A2,2)，然后对着单元格 B2 的右下角双击，Excel 就会把平方计算这个操作从 B2 直接拓展到整个 B 列。

同样，在 Excel 里面，如图 3-50 所示，要计算 A 列和 B 列的和，只需要在单元格 C2 写上 =A2+B2，然后对着单元格 C2 的右下角双击，即可得到 A 列和 B 列的和，这个就是所谓的向量化运算。

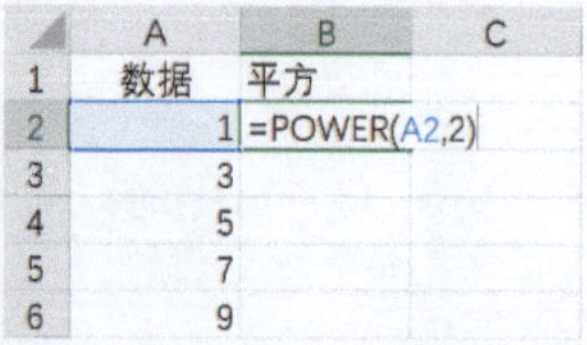

图 3-49　Excel 中的向量化计算——平方 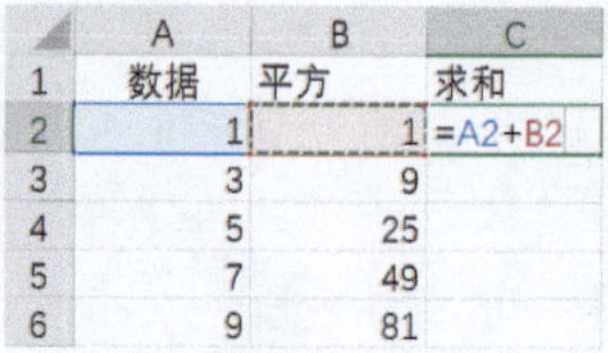　　图 3-50　Excel 中的向量化计算——求和

向量化运算在计算机语言中，就是对不同的数据执行同样的一个或一批指令，或者说把指令应用于一个数据结构。

下面来学习如何使用 Python 进行向量化计算，先生成一个列名为 A 的数据框，代码如下所示：

代码输入

```python
import pandas
# 生成一个数据框 data，通过 data 参数指定数据
data = pandas.DataFrame(
    data={
        'A': [1, 3, 5, 7, 9]
    }
)
```

然后调用 A 列的 pow 函数，来计算 A 列的平方，把计算结果值赋给 B 列，代码如下所示：

代码输入

```python
# 平方计算
data['B'] = data.A.pow(2)
```

执行代码，即可得到 A 列的平方值，得到的结果数据框，如图 3-51 所示。

图 3-51　函数的向量化计算

接下来调用数据框的 A 列和 B 列，使用四则运算的符号，进行列与列之间的四则

运算,代码如下所示:

代码输入

```
# 加法
data['add'] = data.B + data.A
# 减法
data['sub'] = data.B - data.A
# 乘法
data['mul'] = data.B * data.A
# 除法
data['div'] = data.B / data.A
```

执行代码,即可完成 B 列与 A 列之间的四则运算,得到的结果如图 3-52 所示。

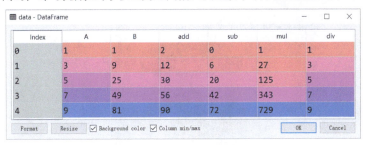

图 3-52　列间的向量化计算

3.5　for 循环

for 循环是计算机语言中最常用的循环语句,主要用于遍历各种数据结构,让程序重复执行一系列语句,常用于确定循环次数的问题解决。向量化计算的实现原理就是 for 循环。

for 循环的基本语法如图 3-53 所示。

图 3-53　for 循环基本语法

遍历数据结构可以是列表、字典等数据结构,循环执行次数由遍历数据结构中的元素个数确定。

需要注意的是冒号不能省略,for 下方需要循环的语句必须有定长的缩进,一般使用四个空格进行缩进,在 Spyder 中,按一下键盘上的【Tab】键可以非常方便地一次输入四个空格。

这里需要注意的是，如果循环语句块的第一行使用四个空格进行缩进，那么第二行往后的语句也必须使用四个空格进行缩进，否则将会被提示如图3-54所示的异常。

```
In [7]: for i in [1, 2, 3]:
   ...:     #循环语句块的第一行有四个空格的缩进
   ...:     print(i)
   ...:    #下一行只有三个空格的缩进
   ...:    print("这里会出错")
  File "<tokenize>", line 5
    print("这里会出错")
    ^
IndentationError: unindent does not match any outer indentation level
```

图 3-54 缩进异常

for 循环的流程如图 3-55 所示。

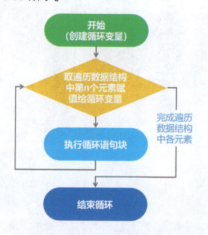

图 3-55 for 循环流程图

for 循环语句每次从遍历数据结构中取出第 n 个元素赋值给循环变量，循环变量初始值即为遍历数据结构中的第一个元素，每次执行循环语句块结束后改变循环变量的值，即开始下一次循环，当依次访问完遍历数据结构中所有元素后，循环结束。

下面学习如何用 for 循环遍历数据框的某一列，先定义一个数据框 data，代码如下所示：

代码输入
```
import pandas
# 生成一个数据框 data，里面只有一列 A
data = pandas.DataFrame(
    data={
        'A': [1, 3, 5, 7, 9]
    }
)
```

第 3 章　编程基础

使用 for 循环，获取到 A 列的每个数据，代码如下所示：

代码输入	结果输出

`# 遍历 A 列，`
`# 把 A 列中的每个值依次赋值给 a`
`# a 是一个自定义的变量名，可换为其他变量名`
`for a in data['A']:`
`    # 输出 a`
`    print(a)`
	1
	3
	5
	7
	9

可以看到，已经按照顺序取到 A 列中的每一个值。

使用 for 循环可以实现向量化计算，首先是对一列数据的向量化计算，例如计算 A 列的平方，把计算结果赋值给 B 列，计算前需要先定义一个空的列表 B 变量，代码如下所示：

代码输入	结果输出

`# 定义一个空的列表 B`
`# 用于保存 A 的平方的结果`
`B = []`
`for a in data['A']:`
`    # 把 a*a 的结果追加到 B 中`
`    B.append(a * a)`
`# 在数据框 data 中，增加 B 列`
`data['B'] = B`
`data`
	
	　　A　B
	0　1　1
	1　3　9
	2　5　25
	3　7　49
	4　9　81

然后使用 for 循环实现两列的向量化计算，例如计算 A 列与 B 列的和，把得到的结果赋值给 C 列。因为需要同时遍历两列，如果写两个 for 循环，将会把处理逻辑复杂化。

那么如何处理呢？数据框提供了 iterrows 函数，用于遍历数据框中的每一行的数据记录，它将返回每一行的索引和使用序列组织好的每一行的值，代码如下所示：

代码输入	结果输出

`# 遍历数据框 data 的每一行`
`# index 为 iterrows 函数返回的每一行的索引`
`# r 为 iterrows 函数返回的每一行的值，`
`# ("---") 是一个以列名为索引的序列`	

85

```
for index, r in data.iterrows():
    print(index)
    print(r)
    print('--------------------')
```

```
0
A    1
B    1
Name: 0, dtype: int64
--------------------
1
A    3
B    9
Name: 1, dtype: int64
--------------------
2
A     5
B    25
Name: 2, dtype: int64
--------------------
3
A     7
B    49
Name: 3, dtype: int64
--------------------
4
A     9
B    81
Name: 4, dtype: int64
--------------------
```

可以看到，已经可以按照顺序取到数据框中每一行的值，然后使用 for 循环，计算 A 列加 B 列的值并赋值给 C 列，代码如下所示：

代码输入	结果输出

`# 定义一个空的列表 C`
`# 用于保存 A 列 + B 列 的结果`
`C = []`
`for index, r in data.iterrows():`
`    # 把 A+B 的结果追加到 C 中`
`    C.append(r['A'] + r['B'])`
`# 在数据框 data 中，增加 C 列`
`data['C'] = C`
`data`
	A B C
	0 1 1 2
	1 3 9 12
	2 5 25 30
	3 7 49 56
	4 9 81 90

第 3 章 编程基础

这两个就是使用 for 循环实现向量化计算的过程。由此可见，如果数据框没有提供向量化计算功能，那么在数据分析过程中，就需要编写非常多的代码。因此，数据框的向量化计算功能有效地简化了数据分析过程中的代码量，帮助我们提升数据处理、分析效率。

3.6 Python 编程注意事项

学习了 Python 的编程基础后，我们来总结一下使用 Python 进行编程的注意事项。

1）在 Python 中，变量名、关键字、标点符号必须在英文半角状态下输入，而非英文全角、中文状态下输入。

使用全角英文作为变量的错误示例，如图 3-56 所示。

```
In [1]: #不能使用全角输入法输入英文变量名
   ...: #a是半角英文，ａ是全角英文，要注意
   ...: ａ = 1
  File "<ipython-input-1-eff8126a91db>", line 3
    ａ = 1
     ^
SyntaxError: invalid character in identifier
```

图 3-56　全角英文错误示例

使用英文输入状态下的逗号正确示例与使用中文输入状态下的逗号错误示例，如图 3-57 所示。

```
In [2]: #正确用法，参数间是英文半角的逗号
   ...: pow(2, 3)
Out[2]: 8

In [3]: #错误用法，参数间使用中文的逗号
   ...: pow(2，3)
  File "<ipython-input-3-e1c07667f00f>", line 2
    pow(2，3)
       ^
SyntaxError: invalid character in identifier
```

图 3-57　逗号使用示例

使用英文输入状态下的引号正确示例与使用中文输入状态下的引号错误示例，如图 3-58 所示。

```
In [4]: #正确用法，字符串使用英文半角的引号引起来
   ...: '我是字符串'
Out[4]: '我是字符串'

In [5]: #错误用法，字符串使用中文引号引起来
   ...: '我是字符串'
  File "<ipython-input-5-6a3d06a41856>", line 2
    '我是字符串'
            ^
SyntaxError: invalid character in identifier
```

图 3-58　引号使用示例

2)在 Python 中,变量名是大小写敏感的,变量名 a 和 A 是不同的变量名,变量要定义之后才能使用,代码如图 3-59 所示:

```
In [6]: #定义一个变量 a
   ...: a = 1

In [7]: # A 和 a 不是同一个变量
   ...: #而 A 未事先定义,直接使用就会出现错误
   ...: A
Traceback (most recent call last):

  File "<ipython-input-7-6e97b999a362>", line 3, in <module>
    A

NameError: name 'A' is not defined
```

图 3-59 大小写敏感示例

3)在 Python 中,变量名、文件名不要和正在使用的模块名、函数名一样。例如,我们在使用 pandas 模块,就不要把变量名或者文件名命名为 pandas,否则会导致 pandas 模块无法使用的异常,如图 3-60 所示。

```
In [8]: #引入 pandas 模块
   ...: import pandas

In [9]: #定义一个名为 pandas 的字符串
   ...: pandas = '熊猫'

In [10]: #导致 pandas 变成了一个字符串,
    ...: #从而导致 pandas 已经不是一个模块名了
    ...: dataFrame = pandas.DataFrame({
    ...:     'name': ['KEN'],
    ...:     'age': [28]
    ...: })
Traceback (most recent call last):

  File "<ipython-input-10-debad6cf2f90>", line 3, in <module>
    dataFrame = pandas.DataFrame({

AttributeError: 'str' object has no attribute 'DataFrame'
```

图 3-60 变量名覆盖模块名的错误示例

4)在 Python 中,变量名中如果包含两个或两个以上的英文单词,为了方便阅读,建议使用"_"(下画线)把它们分隔开,或者第一个英文单词首字母小写,第二个以后的英文单词首字母大写。例如商品(product)信息(info)尽量不要用 productinfo 作为变量名,建议使用 product_info 或者 productInfo 作为变量名。

5)在 Python 中,缩进是有语法作用的,所以不能对代码随意进行缩进,处于同一层级的代码,缩进量必须一致。编写代码的时候,常用空格进行缩进,建议缩进的空格量是 4 的倍数。

缩进错误使用示例,如图 3-61 所示。

6)编写的代码最好加上注释。注释是计算机语言的一个重要组成部分,用于在源代码中解释代码之用,可以增强程序的可读性、可维护性,或者用于在源代码中处理

第 3 章 编程基础

无须运行的代码段,来调试程序的功能执行。注释在随源代码进入预处理器或编译器处理后会被移除,即被注释的代码或文字不会运行。

```
In [11]: #缩进错误,第一行代码没缩进
   ...: one = 1
   ...: #但第二行代码前面多了一个空格
   ...:  two = 2
  File "<ipython-input-11-9c9e4ee039d4>", line 4
    two = 2
    ^
IndentationError: unexpected indent
```

图 3-61 缩进错误示例

在 Python 中,使用 "#" 来指明注释的开始,Python 的注释一般在一行的开始,也可以在一行代码的任意位置,"#" 之后的字符,一直到一行的结尾,都属于注释的部分,不会被解析器执行,代码注释如图 3-62 所示。

```
40 #可以在代码前面用一行来注释
41 one = 1 #也可以在代码所在行的后面进行注释
```

图 3-62 代码注释示例

代码的注释不仅是给别人看,更重要的是给自己看。当你编写代码时,对程序的逻辑非常清晰,但是过一段时间后,重新阅读之前编写的代码,如果代码没有注释,就需要花费大量的时间解读或回忆每行代码的作用。

因此,为人为己,请给你的代码加上注释。

7)一行代码的长度,以编辑器不出现横向滚动条为限制。因为超出限制后,需要拖动滚动条来阅读代码,非常不方便。这时候可以通过回车换行使代码更加容易阅读,过长的代码如图 3-63 所示。

```
44 #一行代码过长,虽然执行不会错误,但是阅读非常不方便
45 dataFrame = pandas.DataFrame(data = {'age': [21, 22, 23], 'name': ['KEN', '
46
```

图 3-63 一行代码过长示例

注释过长也一样会存在阅读困难的问题,同样可以通过多行注释来解决这个问题,如图 3-64 所示。

```
47 #通过回车换行
48 #解决代码一行过长难阅读的问题,使代码更容易阅读
49 #代码的注释,同样也可以参考这种方法,注释过长也一样会存在阅读困难的问题
50 dataFrame = pandas.DataFrame(
51     data = {
52         'age': [21, 22, 23],
53         'name': ['KEN', 'John', 'JIMI']
54     },
55     index=['first', 'second', 'third']
56 )
```

图 3-64 通过换行格式化注释示例

第4章
数据处理

第 4 章　数据处理

数据处理是根据数据分析的目的，将收集到的数据进行加工、整理，使数据保持准确性、一致性和有效性，以形成适合数据分析的要求样式，也就是经常提到的一维表。数据处理是数据分析前必不可少的工作，并且在整个数据分析工作量中占据了大部分比例。

常用的数据处理方法，主要包括数据导入与导出、数据清洗、数据转换、数据抽取、数据合并、数据计算等几大类方法，每一个大类方法下又包含了几种方法，例如数据清洗包含数据排序、重复数据处理、缺失数据处理、空格数据处理等方法，如图 4-1 所示。

图 4-1　常用的数据处理方法

接下来，我们将结合 Python 中的 Pandas 模块学习这些常用的数据处理方法。

4.1　数据导入与导出

4.1.1　数据导入

数据处理的前提是需要有数据，在学习如何把数据导入到数据处理工具之前，我们首先需要了解数据存放在哪里，以何种形式存储。

1. 数据的存储方式

随着信息化技术的普及，现代企业存储数据一般会使用两种方式：一种是以文件形式，例如使用 TXT、CSV、Excel 等文件形式进行存储；另外一种则是使用数据库形式，例如使用 Access、MySQL、SQL Server、Oracle 等数据库进行存储，方便查询、计算，如图 4-2 所示。

如果是以数据库形式进行存储，数据库本身就具有数据处理、分析等功能，所以数据导入将主要介绍 CSV、TXT 以及 Excel 三种常用数据文件的导入方法。

在正式学习数据导入方法前，需要先了解两个关于文件的概念，分别是文件编码和文件路径。

类型	存储形式	备注
文件	CSV	用","分割列的文件
	Excel	微软办公软件Excel文件
	TXT	普通文本
	……	其他数据
数据库	MySQL	广泛使用的免费开源数据库
	Access	微软办公软件Access
	SQL Server	微软企业级数据库
	……	其他数据库

图 4-2　常用的数据存储形式

2. 文件编码

文件编码，也称为计算机编码，它是指计算机内部代表字母或数字的方式。

文件编码有什么用呢？因为数据分析所使用的数据就是由一些字符组成的，包括各国文字、标点符号、图形符号、数字等，而计算机要准确地处理、分析数据，就需要对字符进行编码，以便计算机能够识别和存储各种字符。

常见的编码方式有 ASCII 编码、GB2312 编码（简体中文）、GBK 编码（繁体中文）、UTF-8 编码等，因此每份数据文件都会有各自对应的文件编码。不论是何种工具，在导入数据文件时，都会有文件编码的相应设置。所以在导入数据时，需要了解数据文件的文件编码信息，避免在导入数据文件时出现字符乱码的情况，特别是包含非英文字母的文件。

那么如何了解现有数据使用哪种文件编码呢？可以借助一些文本编辑工具查看文件的编码信息。在 Windows 操作系统中，推荐使用 Notepad++（https://notepad-plus-plus.org/）查看文件编码，在 Mac 操作系统中，推荐使用 Sublime Text（http://www.sublimetext.com/3）查看文件编码。

例如，使用 Notepad++ 打开"1.csv"文件，在 Notepad++ 右下角的状态栏下，可以看到显示【UTF-8】这个信息，如图 4-3 所示，这个就是该文件所使用的文件编码。

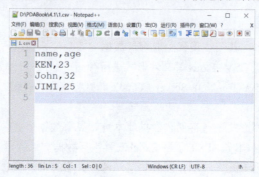

图 4-3　使用 Notepad++ 查看文件编码

第 4 章　数据处理

书写文件编码时，大小写字母均通用，"-"可以忽略不写。例如 GB2312 可以写成 gb2312、Gb2312 或 gB2312，utf-8 也可以直接写为 utf8。

3. 文件路径

文件路径，是指一个文件在某一台计算机磁盘中的存储路径。不同的操作系统，文件路径的写法不同。例如 Windows 操作系统中的文件路径是"D:\PDABook\4.1\1.csv"（如图 4-4 所示），而 macOS、Linux 操作系统中的文件路径是"/Users/PDABook/4.1/1.csv"。

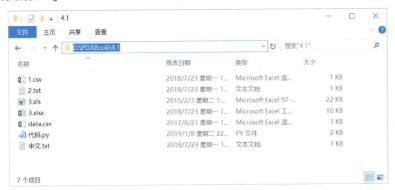

图 4-4　Windows 操作系统的文件路径

文件路径分为绝对路径和相对路径。绝对路径，是指由文件所在文件夹目录以及文件名构成的路径，例如："D:\PDABook\4.1\1.csv"，如图 4-4 所示。相对路径，是指相对于工作目录下的路径，使用时可以省略工作目录。例如：绝对路径是"D:\PDABook\4.1\1.csv"，如果工作目录是"D:\PDABook\"，那么相对路径是"4.1\1.csv"。

用 Python 进行数据分析时，建议使用绝对路径，避免使用相对路径。因为使用相对路径，如果工作目录发生改变，那么文件的位置将难以确认，从而导致错误异常。

4. CSV 文件导入

CSV（Comma-Separated Values）即逗号分隔值，有时也称为字符分隔值，因为分隔字符可以不是逗号。CSV 文件以纯文本的形式存储表格数据（数字和文本），它是一种通用的、相对简单的文件格式，它由任意数目的数据记录组成，数据记录间以换行符分隔，字段间使用分隔符分隔，最常见的分隔符是逗号或制表符。通常，所有数据记录都有完全相同的字段序列，它的数据格式如图 4-5 所示。

图 4-5　CSV 文件数据格式图解

在 Pandas 中，导入 CSV 文件主要使用 read_csv 函数，它的常用参数如图 4-6 所示。

pandas.read_csv(filepath_or_buffer, sep=',', names=None, engine=None, encoding=None, na_values=None)	
参数	说明
filepath_or_buffer	文件路径或者输入对象
sep	分隔符，因为是读取CSV文件，所以默认为逗号
names	读取哪些列和指定列顺序，默认为按顺序处理所有列
engine	文件路径包含中文的时候，需要设置engine='python'
encoding	文件编码，默认使用计算机操作系统的文字编码
na_values	指定空值，例如可指定null，NULL，NA等为空值

图 4-6　read_csv 函数常用参数

下面使用 read_csv 函数，导入"1.csv"数据文件，如图 4-3 所示，该数据文件包含 name 和 age 两个字段，共有 3 条数据记录。代码如下所示：

代码输入

```python
import pandas
# 将1.csv中的数据导入到 data 变量
data = pandas.read_csv(
    'D:/PDABook/第四章/4.1.1 数据导入/1.csv',
    engine='python'
)
# 在控制台输出变量进行数据查看
data
```

结果输出

```
   name  age
0   KEN   23
1  John   32
2  JIMI   25
```

说明：Windows 操作系统文件路径可以使用斜杠符号"/"或反斜杠符号"\"表示，默认使用反斜杠符号"\"表示。而反斜杠符号"\"在 Python 中被定义为转义符号，用于强制显示后面的字符，因为有的特殊符号无法直接显示，如果需要显示就需要在前面添加转义符号。现在需要正常使用反斜杠符号"\"，就需要在前面加一个转义符号"\"，即"\\"相当于"\"。为便于理解，本书文件路径统一使用斜杠符号"/"。

执行代码，在 IPython 交互式控制台以数据框的方式输出 data 变量的值，也就是"1.csv"数据文件中的数据。

因为"D:/PDABook/第四章/4.1.1 数据导入/1.csv"这个文件路径中，包含了中文字符，所以需要设置参数 engine='python'，否则会出现异常。

所有使用 Pandas 导入的数据，都会以数据框的形式导入，以便进行后续的数据处理操作，因为 Pandas 的数据框模块提供了大量的数据处理方法。

5. TXT 文件导入

TXT 是一种文件的扩展名，表示一种文本文件，只能支持纯文字，不支持图像等其他非文本形式的数据，如图 4-7 所示。TXT 是数据存储常用的一种文件格式。

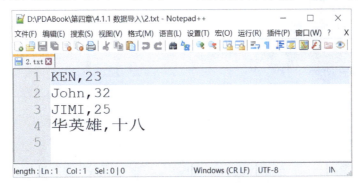

图 4-7　TXT 数据文件示例

在 Pandas 中，TXT 文件使用 read_table 函数进行导入，它的常用参数如图 4-8 所示。

pandas.read_table(filepath_or_buffer, sep='\t', names=None, engine=None, encoding=None, na_values=None)	
参数	说明
filepath_or_buffer	文件路径或者输入对象
sep	分隔符，默认为制表符
names	读取哪些列和指定列顺序，默认为按顺序处理所有列
engine	文件路径包含中文的时候，需要设置engine='python'
encoding	文件编码，默认使用计算机操作系统的文字编码
na_values	指定空值，例如可指定null，NULL，NA等为空值

图 4-8　read_table 函数常用参数

TXT 文件数据的存储格式，没有 CSV 文件的条条框框，例如可以不设置数据列名，可以使用除逗号外的其他分隔符，显得更加自由。但正是因为这种自由，在数据导入的过程中，如果参数设置不当，将会导致很多问题。

导入文本文件，常见的问题如下：

1. 数据没有列名，也就是数据的第一行直接就是数据；
2. 列分隔符不确定，可以是逗号，也可以是制表符等其他字符；
3. 文件编码不确定，如果文件中包含中文字符，编码如无正确设置，将出现乱码；
4. 文件路径包含中文，默认的 C 语言读取引擎无法读取中文路径，需要设置参数 engine='python'，即可解决无法读取中文路径的问题。

下面使用 read_table 函数，导入"2.txt"数据文件，如图 4-7 所示，只设置 filepath_or_buffer、engine 两个参数，其他参数均不设置，看看是否会出现问题，代码如下所示：

代码输入

```python
import pandas
# 将 2.txt 中的数据导入 data 变量
data = pandas.read_table(
    'D:/PDABook/第四章/4.1.1 数据导入/2.txt',
    engine='python'
)
```

执行代码，在变量浏览窗口中，双击打开 data 数据框，如图 4-9 所示。

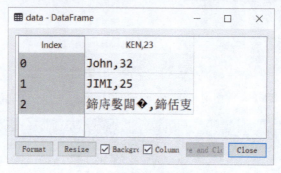

图 4-9　TXT 文件数据导入结果 1

可以看到，导入的数据，存在三个问题：

1. 因为没有设置列名参数 names，程序默认把第一行数据作为数据框的列名；
2. "2.txt" 文本文件的分隔符为逗号，而分隔符参数 sep 的默认分隔符为制表符，所以程序没有把两列数据拆分导入，而是把所有数据作为一列导入；
3. 因为没有设置编码，导入中文的时候，中文字符变成乱码了。

关于列的分隔符，还需要注意的是分隔符是在英文状态下输入，还是在中文状态下输入。例如，同样是逗号，在英文状态下与在中文状态下输入的逗号，在计算机中是两个不同的符号，因为它们的计算机编码不一样，所以计算机认为它们不是同一个符号，这是另一个数据导入常见的错误。

为了正确读入 "2.txt" 这个文本文件，需要对 read_table 函数的参数进行如下设置：

1. names 参数设置为列名列表 ['name', 'age']；
2. sep 参数设置为逗号（','）分隔符；
3. encoding 参数设置为文件编码 'utf8'。

代码如下所示：

代码输入

```python
# 从文件 D:/PDABook/第四章/4.1.1 数据导入/2.txt
# 中读取数据到 data 变量，使用 names 参数设置列名
# 使用 sep 参数设置列分隔符，使用 encoding 参数设置文件编码
```

第 4 章 数据处理

```
data = pandas.read_table(
    'D:/PDABook/第四章/4.1.1 数据导入/2.txt',
    engine='python',
    names=['name', 'age'],
    sep=',',
    encoding='utf8'
)
```

执行代码，在变量浏览窗口中，双击打开 data 数据框，如图 4-10 所示，"2.txt"文件被正确地导入了。

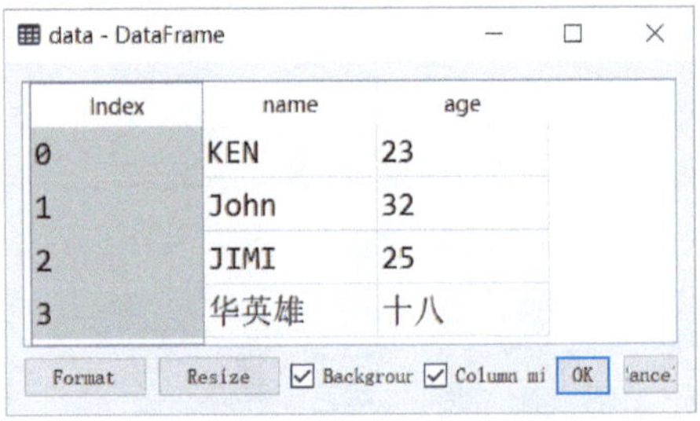

图 4-10　TXT 文件数据导入结果 2

在导入文件的时候，如果设置的编码和文件的编码不一致，例如"2.txt"文件的编码为 UTF-8，使用 read_table 函数导入时，设置 encoding 参数为 GB2312，那么会导致 UnicodeDecodeError: 'gb2312' codec can't decode byte 0xe5 in position 26: illegal multi-byte sequence 异常。

6. Excel 文件导入

Excel 拥有直观的界面、出色的计算功能和图表工具，是目前最流行的个人计算机数据处理、分析工具之一（参见图 4-11），正因如此，Excel 文件也是工作中最常用的数据存储文件之一。

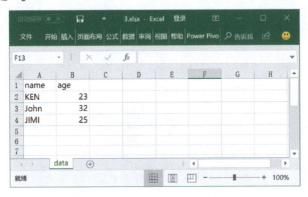

图 4-11　Excel 数据文件示例

使用 Excel 进行数据存储，有很多优点：

第一，避免中文乱码，Excel 统一使用系统默认编码进行读写，因此不会有编码问题，也无须设置编码参数。

第二，避免分隔符与列内容冲突，使用 CSV 文件保存数据时，如果列的内容包含逗号，那么需要使用其他字符替换，否则会导致列识别失败，而使用 Excel 保存数据就不存在这个问题，在 Excel 的列中，可以保存任意的字符。

第三，方便对数据进行编辑和备份，使用 Excel 可以方便地对数据进行编辑，备份 Excel 文件也很简单，直接以复制粘贴或另存为的方式即可得到数据文件的备份。

当然，使用 Excel 进行数据存储也有缺点，主要是它限制了数据存储的最大量级，Excel 2007 及以上版本最大可存储 1048576 行、16384 列的数据，如果行数与列数超过 Excel 的限制，则无法使用 Excel 进行存储，CSV 与 TXT 文件则无此项限制。

在 Pandas 中，使用 read_excel 函数导入 Excel 文件，它的常用参数如图 4-12 所示。

pandas.read_excel(filepath_or_buffer, sheet_name=0, names=None)	
参数	说明
filepath_or_buffer	文件路径或者输入对象
sheet_name	要读取的 sheet 表格，默认为第一个表格
names	读取哪些列和指定列顺序，默认为按顺序处理所有列

图 4-12　read_excel 函数常用参数

有了 CSV 与 TXT 文件的导入经验，Excel 文件的导入也就轻车熟路了，下面使用 read_excel 函数，导入"3.xlsx"数据文件，如图 4-11 所示。

代码输入

```
# 将3.xlsx中的数据导入data变量，设置参数sheet_name为要读取的sheet名
data = pandas.read_excel(
    'D:/PDABook/第四章/4.1.1 数据导入/3.xlsx',
    sheet_name='data'
)
```

执行代码，得到的数据框，如图 4-13 所示。

图 4-13　Excel 文件数据导入结果

4.1.2 数据导出

在 Python 中处理完数据后，有时候需要将处理后的结果导出保存，以便在其他地方使用。那么在 Python 中如何将数据导出呢？

在 Pandas 中，使用数据框的 to_csv 函数导出数据，该函数可以把数据框导出到指定的 CSV 文件中，常用参数如图 4-14 所示。

pandas.DataFrame.to_csv(filepath_or_buffer, sep=',', index=True, header=True, encoding='UTF8')	
参数	说明
filepath_or_buffer	文件路径或者输出对象
sep	输出文件分隔符，默认为逗号 ','，其他常用分隔符：制表符 '\t'、竖线 '|'
index	是否输出索引，默认为True，也就是输出索引
header	是否输出列名，默认为True，也就是输出列名
encoding	文件保存的编码格式，默认为UTF8，其他常用编码：GB2312、GBK

图 4-14　to_csv 函数常用参数

下面定义一个数据框，然后把它导出到"data.csv"数据文件中，我们使用数据框自带的 to_csv 函数，除文件路径 filepath_or_buffer 参数外，其他参数均使用默认值，代码如下所示：

代码输入
```python
import pandas
# 定义一个数据框 data
data = pandas.DataFrame(
    data={
        'name': ['KEN', 'John', 'JIMI'],
        'age': [21, 22, 23]
    }
)
# 调用 to_csv 函数，将数据保存到 data.csv 文件中
data.to_csv(
    'D:/PDABook/第四章/4.1.2 数据导出/data.csv'
)
```

执行代码，得到的 CSV 文件如图 4-15 所示。

```
,age,name
0,21,KEN
1,22,John
2,23,JIMI
```

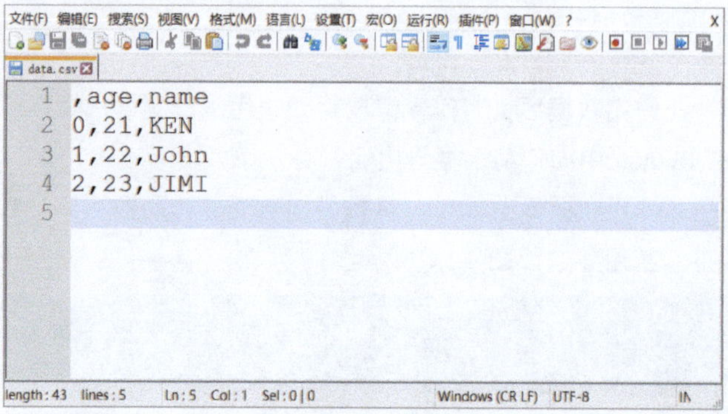

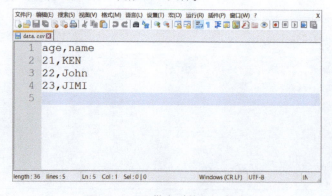

图 4-15　带索引的 csv 文件

可以看到，数据框的 to_csv 函数，默认把索引作为第一列保存到文件中。一般情况下不需要保存索引列，可以设置 index 参数值为 False，代码如下所示：

代码输入

```
# 调用 to_csv 函数，将数据保存到 data.csv 文件中
# 设置 index=False 取消输出索引
data.to_csv(
    'D:/PDABook/第四章/4.1.2 数据导出/data.csv',
    index=False
)
```

执行代码，即可得到图 4-16 中的 CSV 文件。

```
age,name
21,KEN
22,John
23,JIMI
```

图 4-16　不带索引的 csv 文件

4.2　数据清洗

日常工作中可能会受系统原因、程序 bug 或人为等因素影响，造成部分数据存在错误、缺失、重复等问题，这样的数据通常称为“脏数据”。我们可以按照一定的规

第 4 章　数据处理

则把"脏数据"清洗掉，所以这个过程称为数据清洗。

数据清洗的目的就是将原始数据转化为可以进行数据分析的形式，使数据保持准确性、一致性、有效性。

数据清洗常见的方法有数据排序、重复数据处理、缺失数据处理、空格数据处理。

4.2.1 数据排序

数据排序是按一定顺序将数据排列，以便研究者通过浏览数据发现一些明显的特征、规律或趋势，找到解决问题的线索。除此之外，排序还有助于对数据检查纠错，以及为重新归类或分组等提供方便。

在 Pandas 中，使用数据框的 sort_values 函数对指定的列进行排序，它的常用参数如图 4-17 所示。

pandas.DataFrame.sort_values(by, ascending=True, inplace=False)	
参数	说明
by	根据某些列进行排序
ascending	是否上升排序，默认为True，False为下降
inplace	直接修改原数据？默认False，不修改，返回处理后的值

图 4-17　sort_values 函数常用参数

其中 by 和 ascending 参数都很容易理解，下面详细介绍 inplace 参数。

inplace 参数，在很多数据处理方法中都存在，它是指是否直接在原来的数据上进行修改操作，如果 inplace 设置为 True，那么将会直接修改原来的数据。一般不把这个参数设置为 True，而是通过返回值的方式，先观察数据处理的结果是否正确，然后再通过对变量重新赋值，对原来的数据进行修改。

下面我们来看案例，将数据文件"数据排序.csv"导入到 data 变量中，得到的数据框如图 4-18 左图所示。这是一份用户性别和年龄的数据，数据的第一列为用户 ID，第二列为性别，第三列为年龄。

根据年龄升序，性别降序对数据进行排序，所以 by 参数设置为 [' 年龄 ',' 性别 ']，ascending 参数设置为 [True, False]，代码如下所示：

代码输入

```
import pandas
data = pandas.read_csv(
    'D:/PDABook/第四章/4.2.1 数据排序/数据排序.csv',
    engine='python', encoding='utf8'
)
# 根据年龄升序、性别降序，对数据进行排序
```

```
sortData = data.sort_values(
    by=['年龄', '性别'],
    ascending=[True, False]
)
```

执行代码，排序后的数据框如图 4-18 右图所示。

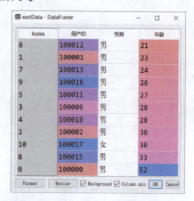

图 4-18　排序前后的数据框

4.2.2　重复数据处理

在日常的数据分析工作中，数据表中会存在各种各样的重复数据，有些情况允许重复数据的存在，而有些情况需要将这些重复数据删除，如图 4-19 所示，在左边的表格中，红色字体的用户 ID，和前面的数据出现重复，如果要进行用户数的统计，就需先将重复的用户 ID 删除，得到右边表格所示的数据，再进行用户数的统计。

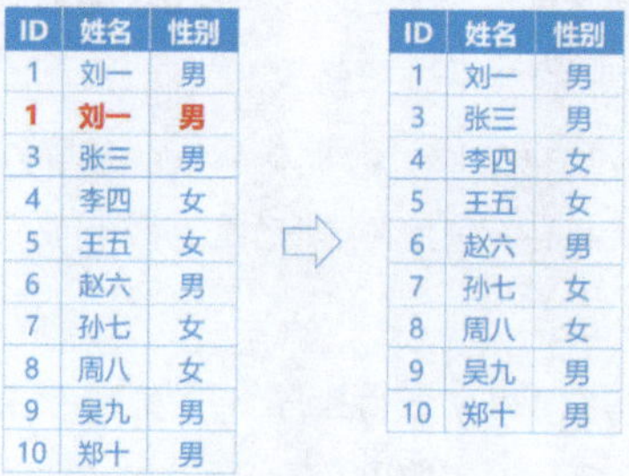

图 4-19　重复数据处理示例

重复数据处理常用的方法包括重复数据查找与重复数据删除。

1. 重复数据查找

重复数据查找，就是查找出存在重复的数据，在 Pandas 的数据框中，查找重复值的过程如图 4-20 所示。

第 4 章 数据处理

图 4-20 重复值查找过程

在 Pandas 中，先使用 duplicated 函数查找重复数据，它默认按照所有列作为条件，一行一行地对数据进行是否重复的判断，如果某行的数据和前面的数据存在重复，那么就会在对应的行位置标上 True，如果没有和前面的数据存在重复，那么就会标上 False。最后，再根据"是否重复值"这一列的标记，把列值为 True 的行挑选出来即可。

pandas.DataFrame.duplicated(subset, keep='first')	
参数	说明
subset	根据哪些列进行重复值判断，默认为所有列
keep	保留哪个重复值，默认是first(首个)，可选last(最后)

图 4-21 duplicated 函数常用参数

下面以一份有重复值的用户数据为例，学习在 Pandas 中如何查找重复数据。先将数据文件"重复值.csv"导入到 data 变量中，得到的数据框如图 4-22 所示。

代码输入
```
import pandas
data = pandas.read_csv(
    'D:/PDABook/第四章/4.2.2 重复数据处理/重复值.csv',
    engine='python', encoding='utf8'
)
```

图 4-22 用户信息数据

数据中第一列为用户 ID，第二列为用户姓名，第三列为用户性别。在这份数据中可以发现，第一行和第二行的数据重复了。

使用 duplicated 函数进行重复数据的查找，代码如下所示：

代码输入	结果输出

`# 找出行重复数据的位置`
`dIndex = data.duplicated()`
`dIndex`
	0 False
	1 True
	2 False
	3 False
	4 False
	5 False
	6 False
	7 False
	8 False
	9 False
	dtype: bool

执行代码，可以看到 duplicated 函数的返回值是一个序列，序列索引为 1 的行，得到的返回值是 True，其他索引得到的返回值为 False。因此，通过这个返回值可以知道，重复数据出现在索引为 1 的行。

也可以指定判断行是否重复所使用的列，例如不需要使用所有的列，只根据性别这一列的值，判断行是否重复了，代码如下所示：

代码输入	结果输出
`data`	ID 姓名 性别 0 1 刘一 男 1 1 刘一 男 2 3 张三 男 3 4 李四 女 4 5 王五 女 5 6 赵六 男 6 7 孙七 女 7 8 周八 女 8 9 吴九 男 9 10 郑十 男

`# 根据'性别'列，找出重复的位置`
`dIndex = data.duplicated(['性别'])`
`dIndex`
	0 False
	1 True
	2 True
	3 False
	4 True
	5 True
	6 True

```
7    True
8    True
9    True
dtype: bool
```

执行代码,即可得到一个根据性别列判断数据框是否存在重复值的结果序列。因为性别这一列有两个性别,分别是男和女,第一个性别"男"出现在索引为 0 的行,第一个性别"女"出现在索引为 3 的行,因此,索引为 0 和 3 这两行不是重复值,得到的结果为 False,除此之外,其他行都是重复值,得到的值为 True。

使用中括号加上 duplicated 函数返回的逻辑值序列,即可从数据框中挑选出序列值为 True 的行。下面使用这个方法,把这些重复行挑选出来,代码如下所示:

代码输入	结果输出
# 把返回值中,值为 True 的行选择出来 # 达到将重复数据提取出来的目的 data[data.duplicated()]	ID 姓名 性别 1 1 刘一 男

执行代码,即可把重复的行的数据,从数据框中提取出来。

2. 重复数据删除

重复数据删除就是将数据中存在重复多余的数据进行删除处理,以保证数据的唯一性,也称为数据去重。

在 Pandas 中,使用 drop_duplicates 函数,对重复数据进行删除,常用参数如图 4-23 所示。

pandas.DataFrame.drop_duplicates(subset, keep='first', inplace=False)	
参数	说明
subset	用哪些列来判断是否重复
keep	保留哪一个,默认为first,第一个,可选last,最后一个
inplace	在原数据上删除?默认False,也就是返回处理后的值

图 4-23 drop_duplicates 函数常用参数

在前面重复数据查找的案例中,我们已经找到了重复的记录行,现在直接在此案例的基础上,学习如何使用 drop_duplicates 函数删除重复记录,代码如下所示:

代码输入
```
# 直接删除重复值,默认根据所有的列进行删除
cData = data.drop_duplicates()
```

执行代码,即可得到删除重复记录行后的结果,如图 4-24 所示。

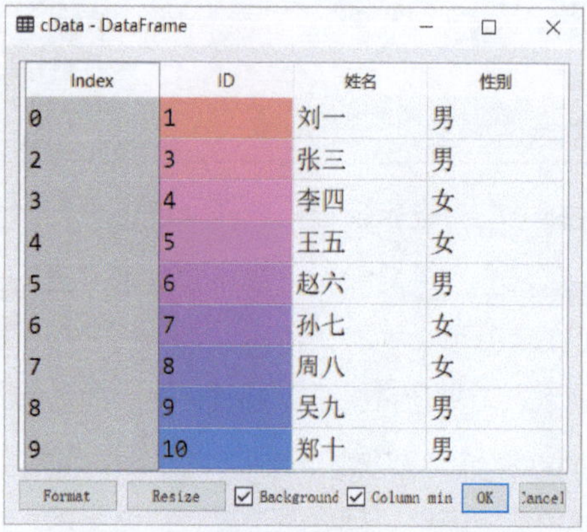

谁说菜鸟不会数据分析（Python篇）

图4-24 用户信息数据去重结果

4.2.3 缺失数据处理

在日常工作中，数据存在缺失的情况较为常见，缺失数据的产生一般有两种：第一种是有些信息暂时无法获取，例如一个未婚人士的配偶，或者一个未成年儿童的收入等；第二种是有些信息被遗漏或者错误地处理了。

在数据文件中，以下字符都会被当作NA值：''（空字符），' '（空格），'#N/A'，'#N/A N/A'，'#NA'，'-1.#IND'，'-1.#QNAN'，'-NaN'，'-nan'，'1.#IND'，'1.#QNAN'，'N/A'，'NA'，'NULL'，'NaN'，'n/a'，'nan'，'null'。如图4-25所示，这份文件中的缺失值以空字符的形式存在，第三行第三列的数据是空的。

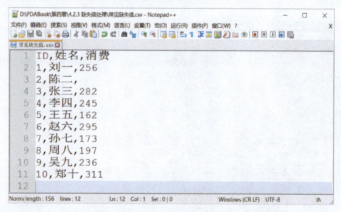

图4-25 缺失数据示例1

那么如何处理缺失数据呢？缺失数据的处理方法有三种。

第一，数据补齐，使用某个统计指标值去填充缺失数据，从而使信息完备化，例如平均值填充等方法。

第 4 章　数据处理

第二，删除对应的缺失数据行，这种方法可以减少缺失数据对整体数据的影响，但是如果数据量较少，需要谨慎使用。

第三，不处理，有时候，一些缺失数据是正常的，例如未婚人士的配偶，不存在是正常的，可以不处理。

1. 数据补齐

在 Pandas 中，使用 fillna 函数进行缺失数据填充，如果只需要填充某一列的缺失值，那么调用序列的 fillna 函数即可，它的常用参数如图 4-26 所示。如果需要填充整个数据框的缺失值，那么调用数据框的 fillna 函数即可，它的常用参数如图 4-27 所示。

pandas.Series.fillna(value)	
参数	说明
value	使用什么值来填充空值

图 4-26　序列的 fillna 函数常用参数

pandas.DataFrame.fillna(value)	
参数	说明
value	使用什么值来填充空值

图 4-27　数据框的 fillna 函数常用参数

下面，将数据文件"常见缺失值.csv"导入 data 变量，代码如下所示：

代码输入
```python
import pandas
data = pandas.read_csv(
    'D:/PDABook/第四章/4.2.3 缺失值处理/常见缺失值.csv',
    engine='python', encoding='utf8'
)
```

执行代码，即可得到如图 4-28 所示的数据框。可以看到，数据框的缺失值，使用 nan（not a number）表示。

Index	ID	姓名	消费
0	1	刘一	256
1	2	陈二	nan
2	3	张三	282
3	4	李四	245
4	5	王五	162
5	6	赵六	295
6	7	孙七	173
7	8	周八	197
8	9	吴九	236
9	10	郑十	311

图 4-28　缺失数据示例 2

下面，使用 fillna 函数，用消费列的平均值来填充消费列的缺失值，代码如下所示：

代码输入

```python
# 使用消费的均值填充缺失值
data['消费'] = data.消费.fillna(data.消费.mean())
data
```

结果输出

	ID	姓名	消费
0	1	刘一	256.000000
1	2	陈二	239.666667
2	3	张三	282.000000
3	4	李四	245.000000
4	5	王五	162.000000
5	6	赵六	295.000000
6	7	孙七	173.000000
7	8	周八	197.000000
8	9	吴九	236.000000
9	10	郑十	311.000000

2. 删除缺失值

在 Pandas 中，使用数据框的 dropna 函数，来删除缺失的数据，它的常用参数如图 4-29 所示。

pandas.DataFrame.dropna(axis=0, how='any')	
参数	说明
axis	默认值0，按行删除空值；可选1，按列删除空值
how	默认值any，一个为空就删；可选all，所有都为空才删

图 4-29　dropna 函数常用参数

下面使用 dropna 函数来删除缺失值所在的行，代码如下所示：

代码输入

```python
import pandas
# 重新导入数据
data = pandas.read_csv(
    'D:/PDABook/第四章/4.2.3 缺失值处理/常见缺失值.csv',
    engine='python', encoding='utf8'
)
# 直接删除缺失值，把处理后的结果赋值给 cData 变量
cData = data.dropna()
```

执行代码，删除缺失值所在行后的数据框，如图 4-30 所示，可以看到，索引为 1 的行被删除了。

第 4 章 数据处理

图 4-30 缺失数据删除后的结果

4.2.4 空格数据处理

空格数据，是指字符型数据的前面或者后面存在的空格。由于系统或人为原因，空格数据在日常工作中经常出现，如图 4-31 中的 name 列，id 为 2 和 3 的数据前面都有空格。

id	name
1	KEN
2	JIMI
3	John

图 4-31 空格数据示例

在 Pandas 中，使用 strip 函数可以对字符型数据前后的空格进行删除，也可以通过设置参数 value，来对字符型数据前后的其他非空格字符进行删除，strip 函数的常用参数，如图 4-32 所示。

pandas.Series.str.strip(value=' ')	
参数	说明
value	要剔除的值，默认为空格值

图 4-32 strip 函数常用参数

将数据文件"空格值.csv"导入 data 变量，然后使用 strip 函数进行空格值的处理，代码如下所示：

代码输入

```
import pandas
data = pandas.read_csv(
```

```
    'D:/PDABook/ 第四章 /4.2.4 空格值处理 / 空格值 .csv',
    engine='python', encoding='utf8'
)
# 去除字符串前后的空格
data['name'] = data['name'].str.strip()
```

执行代码,即可得到去除空格的数据,如图 4-33 所示。

图 4-33 空格数据去除结果

在处理空格值的时候需要注意,一般只处理字符串前后的空格,字符串中间的空格一般不需要进行处理,例如"I am a man"这个字符串,字符串中间的空格,是用来分隔英文单词的,属于正常的用法。

4.3 数据转换

4.3.1 数值转字符

有时候,需要将数值型的数据,转换为字符型数据,以方便后续的处理。在转化数据类型之前,先来看看如何查看变量的数据类型。

先将数据文件"数值转字符 .csv"导入 data 变量,代码如下所示:

代码输入
```
import pandas
data = pandas.read_csv(
    'D:/PDABook/ 第四章 /4.3.1 数值转字符 / 数值转字符 .csv',
    engine='python', encoding='utf8'
)
```

执行代码,得到的数据如图 4-34 所示。

第 4 章 数据处理

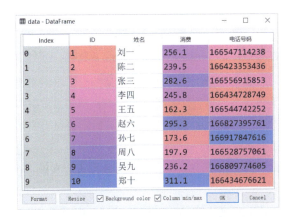

图 4-34 数值转字符数据示例

在 Spyder 这个工具中，数值型的数据，例如"消费"列，会用彩色的背景色显示，值越大，越偏向蓝色，值越小，越偏向粉色。这个功能相当于 Excel 中条件格式的色阶功能，所以通过背景色的显示就可以大致区分出数值型与非数值型变量。

当我们不能使用 Spyder 工具进行数据预览时，如何查看变量的数据类型呢？在 Pandas 中，数据框可以通过 dtypes 属性，查看每一列的数据类型，具体的数据类型如图 4-35 所示，其中整数型（int64）、小数型（float64）都属于数值型数据。

Pandas 数据类型	dtype	Python 数据类型	说明
object	O	str	字符型
int64	int64	int	数值型中的整数型
float64	float64	float	数值型中的小数型
bool	bool	bool	逻辑型
datetime64	<M8[ns]	datetime64[ns]	时间类型

图 4-35 dtypes 对应的数据类型

代码输入	结果输出
# 获取数据框所有列的数据类型 data.dtypes	ID　　　　int64 姓名　　　object 消费　　　float64 电话号码　int64 dtype: object

可以看到，数据类型为整数型时，显示为 int64，例如"ID"列；数据类型为字符型时，显示为 object，例如"姓名"列；数据类型为小数型时，显示为 float64，例如"消费"列。

当然，如果只需要查看具体某一列的数据类型时，可以使用列的 dtype 属性进行查看，代码如下所示：

代码输入	结果输出
`# 获取 电话号码 列的数据类型` `data.电话号码.dtype`	`dtype('int64')`

可以看到，Pandas 在导入数据的时候，如果某一列全由数字组成，那么它会默认把这一列的数据类型设置为数值型。但是有些数据，例如本案例中的电话号码，或者身份证号码等，虽然它们一般是由数字组成，而有时候需要将它们设置为字符型，方便后续进行相应的数据处理。

在 Pandas 中，使用 astype 函数，对列的数据类型进行转换，astype 的常用参数，如图 4-36 所示。

pandas.Series.astype(dtype)	
参数	说明
dtype	数据类型，整数型为int，小数型为float，字符型为str

图 4-36　astype 函数常用参数

例如将电话号码这一列转为字符型数据，代码如下所示：

代码输入	结果输出

`# 将 电话号码 列转换为字符型`
`data['电话号码'] = data.电话号码.astype(str)`
`data.电话号码.dtype`
	`dtype('O')`

执行代码，可以看到，转换后的"电话号码"列，数据类型为 Object，也就是字符型数据。

4.3.2　字符转数值

数值型数据可以转为字符型数据，字符型数据同样也可以转为数值型数据，前提是字符型数据必须是纯数字的字符，否则将无法转换。

前面学习了将电话号码这一列从数值型转为字符型，现在再将电话号码这一列从字符型转为数值型，可以使用 astype(float) 进行转换，并将转换后的结果赋值给新的列，列名为"数值型电话号码"，代码如下所示：

代码输入	结果输出

`# 将 电话号码 列转换为 数值型`
`data['数值型电话号码'] = data.电话号码.astype(float)`
`# 获取 数值型电话号码 的数据类型`
`data.数值型电话号码.dtype`
	`dtype('float64')`

执行代码，可以看到，转换后的"数值型电话号码"列为数值型的小数型。

4.3.3 字符转时间

字符转时间，就是将具有时间格式的字符型数据转换为时间型（日期型）数据。

1. 时间转换

日常工作中，经常会遇到时间数据并非系统识别的时间，例如存放在 CSV、TXT 等文本文件中的时间列，都是字符型数据。使用 Pandas 导入数据，如果需要对时间数据进行处理，例如获得年份、月份等数据，就要先将字符型的时间格式数据，转成时间型数据，再使用相应的属性进行获取。

在 Pandas 中，使用 to_datetime 函数将字符型的时间格式数据转换为时间型数据。to_datetime 函数的常用参数，如图 4-37 所示。

pandas.to_datetime(arg, format)	
参数	说明
arg	字符型时间格式的列
format	时间格式，例如 %Y-%m-%d

图 4-37 to_datetime 函数常用参数

常用的时间格式如图 4-38 所示，包含年、月、日、小时、分钟、秒，需要注意对应格式中字母的大小写。

属性	说明
%Y	代表年
%m	代表月
%d	代表日
%H	代表小时
%M	代表分钟
%S	代表秒

图 4-38 常用的时间格式

先将数据文件"字符转时间.csv"导入 data 变量，代码如下所示：

代码输入	结果输出
| ```python
import pandas
data = pandas.read_csv(
    'D:/PDABook/第四章/4.3.3 字符转时间/字符转时间.csv',
    engine='python', encoding='utf8'
)
data.注册时间.dtype
``` | dtype('O') |
```

执行代码，得到的数据如图 4-39 所示，可以看到，数据的第一列为电话号码，第二列为注册时间，第三列为是否使用微信。注册时间这列看起来是日期，但实际上系统并不识别它为日期，它只是一个字符串的列。

Index	电话	注册时间	是否微信
0	166412894295	2011/1/1	否
1	135416795207	2012/2/3	否
2	177423353436	2013/3/2	是
3	189424978309	2014/4/11	是
4	134450811715	2015/5/18	否
5	137450811771	2016/6/12	否
6	173450811789	2017/7/15	是
7	188450811792	2018/8/17	是
8	168450811840	2019/9/16	是

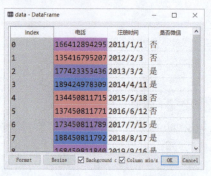

图 4-39　时间转换数据示例

可以观察到“注册时间”这一列的数据类型输出结果是字符型，是一个使用“/”符号分隔年月日的日期格式的字符串。

使用 to_datetime 函数进行类型转换，其中 format 参数的设置可以从图 4-38 中找到，年对应的格式为 %Y，月对应的格式为 %m，日对应的格式为 %d，使用“/”分隔年月日，那么 format 参数设置为“%Y/%m/%d”，代码如下所示：

代码输入

```
# 将“注册时间”这一列，转换为时间类型的数据
# 然后把时间类型的数据添加为数据框中的“时间”列
data['时间'] = pandas.to_datetime(
    data.注册时间,
    format='%Y/%m/%d'
)
```

执行代码，即可得到转换后的数据，如图 4-40 所示，可以看到，完整的时间格式数据，包含年月日时分秒，因为字符型的时间格式数据中不包含时分秒，因此在转换后时分秒对应的都为 0。

Index	电话	注册时间	是否微信	时间
0	166412894295	2011/1/1	否	2011-01-01 00:00:00
1	135416795207	2012/2/3	否	2012-02-03 00:00:00
2	177423353436	2013/3/2	是	2013-03-02 00:00:00
3	189424978309	2014/4/11	是	2014-04-11 00:00:00
4	134450811715	2015/5/18	否	2015-05-18 00:00:00
5	137450811771	2016/6/12	否	2016-06-12 00:00:00
6	173450811789	2017/7/15	是	2017-07-15 00:00:00
7	188450811792	2018/8/17	是	2018-08-17 00:00:00
8	168450811840	2019/9/16	是	2019-09-16 00:00:00

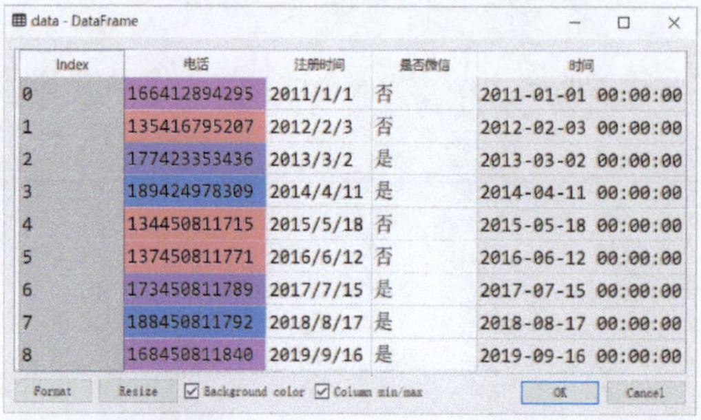

图 4-40　时间转换结果

最后，输出“时间”列的 dtype 属性查看一下，新生成的“时间”列的数据类型为时间型，代码如下所示：

代码输入	结果输出
`data['时间'].dtype`	`dtype('<M8[ns]')`

2. 时间格式化

时间格式化，它是指将时间型数据，按照指定的格式，转为字符型数据。例如希望用特定的格式保存时间类型数据时，就可以使用时间格式化的方法进行处理。

在 Pandas 中，可以使用 strftime 函数对时间类型数据进行格式化，strftime 函数的常用参数，如图 4-41 所示。

pandas.Series.dt.strftime(format)	
参数	说明
format	时间格式，例如 %Y-%m-%d

图 4-41　strftime 函数参数

例如要统计每个月的注册用户数，那么就需要把时间这一列处理为“年 - 月”这种格式。因为年月之间需要使用“-”分隔，所以，format 参数应该设置为“%Y-%m”，代码如下所示：

代码输入

```
data['年月'] = data.时间.dt.strftime('%Y-%m')
```

执行代码，即可得到时间格式化后的数据，如图 4-42 所示。

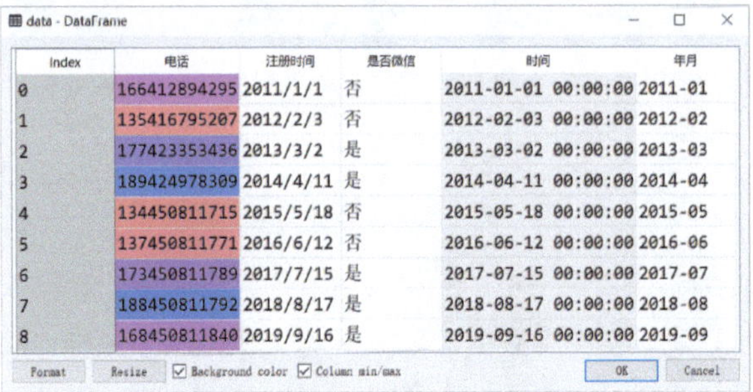

Index	电话	注册时间	是否微信	时间	年月
0	166412894295	2011/1/1	否	2011-01-01 00:00:00	2011-01
1	135416795207	2012/2/3	否	2012-02-03 00:00:00	2012-02
2	177423353436	2013/3/2	是	2013-03-02 00:00:00	2013-03
3	189424978309	2014/4/11	是	2014-04-11 00:00:00	2014-04
4	134450811715	2015/5/18	否	2015-05-18 00:00:00	2015-05
5	137450811771	2016/6/12	否	2016-06-12 00:00:00	2016-06
6	173450811789	2017/7/15	是	2017-07-15 00:00:00	2017-07
7	188450811792	2018/8/17	是	2018-08-17 00:00:00	2018-08
8	168450811840	2019/9/16	是	2019-09-16 00:00:00	2019-09

图 4-42　时间格式化结果

4.4　数据抽取

数据抽取，也称为数据拆分，它是指保留、抽取原数据表中某些字段、记录的部分信息，形成一个新字段、新记录，主要的方法有字段拆分、记录抽取和随机抽样。

4.4.1 字段拆分

字段拆分，就是指抽取某一字段的部分信息，形成一个新字段。

例如某公司会员表里有身份证信息，身份证包含了很多信息：籍贯省份、籍贯城市、出生日期、性别等，将它们从身份证这个字段中抽取出来，就可以得到相应的新字段，也就可以做相应的分析，如会员籍贯省份分布、会员出生日期分布、会员性别构成等，甚至还可以根据出生日期做进一步的处理，得到年龄、星座、生肖等新字段。

字段拆分常用的方式除按照位置拆分、按照分隔符拆分以外，还有一种时间属性的抽取。

1. 按照位置拆分

按照位置拆分是字段拆分常用的方法，类似于 Excel 中的"分列 - 按固定宽度"分列功能，例如身份证这种具有明确位置编码规则的数据，就可以采用按照位置拆分字段的方式，获取新字段。

例如电话号码 19800198000，第一位到第三位 198，是某个运营商的号码段，第四位到第七位 0019，是某个地区的号码段，第八位到第十一位 8000，才是用户的编号。了解了这个规则信息，就可以采用按照位置拆分字段的方式，获取运营商号码段、地区号码段两个新字段。

在 Pandas 中，使用 slice 函数进行按位置的字段抽取，slice 函数的常用参数，如图 4-43 所示。

pandas.Series.str.slice(start, stop)	
参数	说明
start	开始的索引值
stop	结束的索引值

图 4-43　slice 函数常用参数

注意，和切片的访问方式一样，开始索引值是大于等于，而结束索引值是小于，不能取等于。而且，只有字符型数据才可使用 slice 函数进行处理，如果列的数据类型是数值型，需要先转成字符型才可以使用 slice 函数。

字段案例数据如图 4-44 所示，电话号码这一列是数值型的数据，先要转成字符型才可以使用 slice 函数。

第 4 章 数据处理

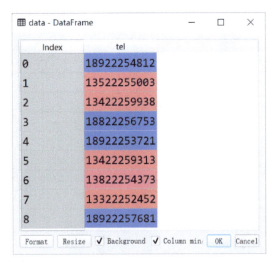

图 4-44 字段拆分数据示例 1

使用 slice 函数从电话号码中抽取出运营商编码、地区编码及用户编码，代码如下所示：

代码输入
```python
import pandas
data = pandas.read_csv(
    'D:/PDABook/第四章/4.4.1 字段拆分/字段拆分.csv',
    engine='python'
)
# 将数值型的电话号码列，转成字符型
data['tel'] = data['tel'].astype(str)
# 运营商
bands = data['tel'].str.slice(0, 3)
# 地区
areas = data['tel'].str.slice(3, 7)
# 号码段
nums = data['tel'].str.slice(7, 11)
# 更新数据，将运营商、地区、号码段的列添加到数据框中
data['bands'] = bands
data['areas'] = areas
data['nums'] = nums
```

执行代码，得到的结果如图 4-45 所示。

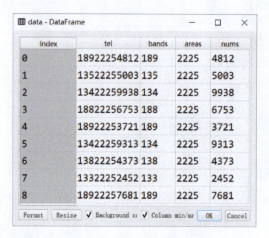

图 4-45 字段拆分数据结果 1

2. 按照分隔符拆分

按照分隔符拆分也是字段拆分常用的方法，它是指按照指定的分隔符，拆分已有的字符串，类似于 Excel 中的"分列 - 按分隔符号"分列功能。

在 Pandas 中，常用 split 函数进行字段拆分，split 函数的常用参数，如图 4-46 所示。

图 4-46 split 函数常用参数

例如有一列商品标题，如图 4-47 所示，现需要使用字段拆分的方法把商品标题拆分为两列：第一列为商品品牌，第二列为商品名称。

图 4-47 字段拆分数据示例 2

通过观察可以发现，商品标题由商品品牌和商品名称组成，它们之间的分隔符为空格。发现这个规律后，就可以把 split 函数分隔符参数 pat 设置为空格字符。然后参数 n 设置为 1，把数据分割为两列。最后把分割之后的数据，展开为数据框，设置 expand 参数为 True，代码如下所示：

代码输入

```
import pandas
data = pandas.read_csv(
    'D:/PDABook/第四章/4.4.1 字段拆分/分隔符.csv',
    engine='python', encoding='utf8'
)
# 使用空格将商品名称拆分为品牌和型号，因为第一个空格之前是商品的品牌
# 第一个空格之后是商品的型号，所以第二个参数设置为 1
# 第三个参数设置为 True，使用数据框返回结果
newData = data['name'].str.split(' ', 1, True)
# 重命名每一列的名字
newData.columns = ['band', 'name']
```

执行代码，得到字段拆分后的数据，如图 4-48 所示。

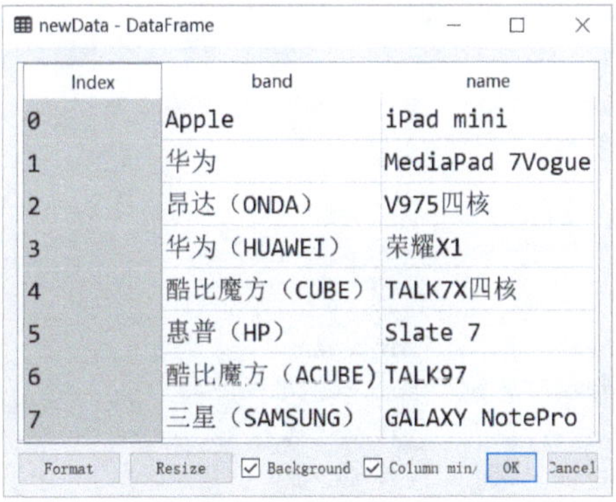

Index	band	name
0	Apple	iPad mini
1	华为	MediaPad 7Vogue
2	昂达（ONDA）	V975四核
3	华为（HUAWEI）	荣耀X1
4	酷比魔方（CUBE）	TALK7X四核
5	惠普（HP）	Slate 7
6	酷比魔方（ACUBE）	TALK97
7	三星（SAMSUNG）	GALAXY NotePro

图 4-48　字段拆分数据结果 2

3. 时间属性抽取

时间属性抽取，是指从时间类型数据中，抽取出需要的部分时间属性，例如年、月、日、时、分、秒等。例如需要按年统计销售额，就要先从销售日期中抽取出年份属性，再按年份分组统计销售额。

在时间型变量列的 dt 对象后面加上对应的属性名即可完成抽取。dt 对象是 Pandas 中时间类型数据处理方法的汇总，dt 对象和前面多次使用到的 str 对象类似，str 对象是 Pandas 中字符类型数据处理方法的汇总。

在 dt 对象后面，获取秒的属性名是 second，获取分钟的属性名是 minute，dt 对象具体的可用属性如图 4-49 所示。

属性	说明
second	0~59：秒，从0开始，到59
minute	0~59：分钟，从0开始，到59
hour	0~23：小时，从0开始，到23
day	1~31：一个月中的第几天，从1开始，最大31
month	1~12：月份，从1开始，到12
year	年份
weekday	一周中的第几天，0是星期一，5是星期六，6是星期日

图 4-49　时间型数据属性表

例如把年、月、周、日、时、分、秒这 7 个常用的时间属性抽取出来，作为新的列加入 data 数据框，代码如下所示：

代码输入

```python
import pandas
data = pandas.read_csv(
    'D:/PDABook/第四章/4.4.1 字段拆分/时间属性.csv',
    engine='python', encoding='utf8'
)
# 把注册时间列转为时间类型的数据，然后赋值给"时间"这一新列
data['时间'] = pandas.to_datetime(
    data.注册时间,
    format='%Y/%m/%d %H:%M:%S'
)
# 抽取时间的各种属性，新增到对应的列中
data['时间.年'] = data['时间'].dt.year
data['时间.月'] = data['时间'].dt.month
data['时间.周'] = data['时间'].dt.weekday
data['时间.日'] = data['时间'].dt.day
data['时间.时'] = data['时间'].dt.hour
data['时间.分'] = data['时间'].dt.minute
data['时间.秒'] = data['时间'].dt.second
```

执行代码，即可得到年、月、周、日、时、分、秒这 7 个时间属性数据，如图 4-50 所示。

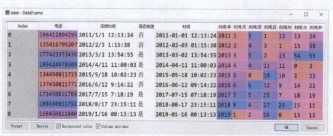

图 4-50　时间属性抽取结果

4.4.2　记录抽取

记录抽取，是指根据一定的条件对数据进行抽取，缩减数据的范围与数量，类似于 Excel 中的筛选功能。

在 Pandas 中，可以通过向量化运算，得到一组长度和数据框的行数相同的逻辑型序列，然后根据这个逻辑型序列的值，将 True 对应位置的行保留下来，作为新的数据框返回，从而达到数据记录抽取的目的，数据记录抽取流程如图 4-51 所示。

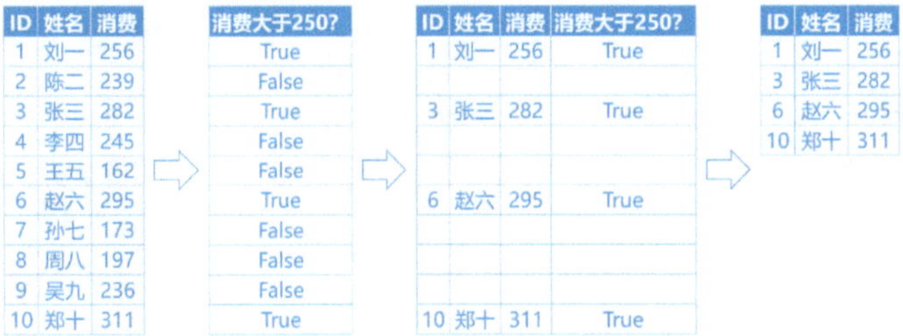

图 4-51　Pandas 数据记录抽取原理

因此，数据记录抽取的核心在于根据数据的抽取条件，找到一组符合抽取条件的逻辑型序列。常用的抽取条件的类型有指定值抽取、关键词抽取、数据范围抽取、时间范围抽取以及组合条件抽取。

首先导入需要使用的案例数据，代码如下所示：

代码输入

```
import pandas
data = pandas.read_csv(
    'D:/PDABook/ 第四章 /4.4.2 记录抽取 / 记录抽取 .csv',
    engine='python', encoding='utf8'
)
```

执行数据导入代码，得到的数据如图 4-52 所示，可以看到，第一列为商品 id，第二列为商品评论人数 comments，第三列为商品品牌 brand，第四列为商品标题 title，第五列为商品上线时间 ptime。

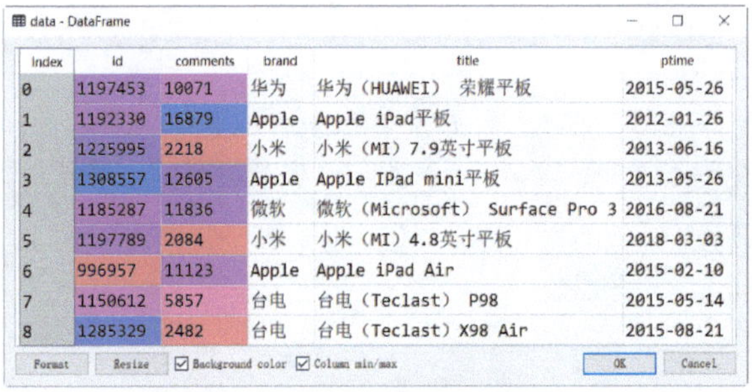

data - DataFrame

index	id	comments	brand	title	ptime
0	1197453	10071	华为	华为（HUAWEI） 荣耀平板	2015-05-26
1	1192330	16879	Apple	Apple iPad平板	2012-01-26
2	1225995	2218	小米	小米（MI）7.9英寸平板	2013-06-16
3	1308557	12605	Apple	Apple IPad mini平板	2013-05-26
4	1185287	11836	微软	微软（Microsoft） Surface Pro 3	2016-08-21
5	1197789	2084	小米	小米（MI）4.8英寸平板	2018-03-03
6	996957	11123	Apple	Apple iPad Air	2015-02-10
7	1150612	5857	台电	台电（Teclast） P98	2015-05-14
8	1285329	2482	台电	台电（Teclast）X98 Air	2015-08-21

Format　Resize　Background color　Column min/max　OK　Cancel

图 4-52　记录抽取案例数据 1

1. 指定值抽取

指定值抽取就是根据字段指定的值进行数据记录的抽取,指定的值可以是字符串也可以是数值,可以是单个也可以是多个。

1)指定单个值抽取

在 Pandas 中,指定单个值抽取可以使用连等号 "==" 判断记录是否满足条件。例如需要抽取商品品牌为 "台电" 的商品数据记录,代码如下所示:

代码输入
```
# 抽取商品品牌为"台电"的商品数据记录
fData = data[data.brand == '台电']
```

执行代码,即可抽取出品牌为 "台电" 的商品数据记录,如图 4-53 所示。

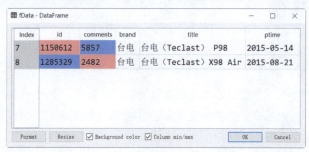

图 4-53 指定单个值抽取结果

2)指定多个值抽取

在 Pandas 中,指定多个值抽取可以使用 isin 函数判断记录是否满足条件。例如需要同时抽取商品品牌为 "华为" "小米" "台电" 的商品数据记录,代码如下所示:

代码输入
```
# 抽取商品品牌为"华为""小米""台电"的商品数据记录
fData = data[data.brand.isin(['华为','小米','台电'])]
```

执行代码,即可抽取出品牌为 "华为" "小米" "台电" 的商品数据记录,如图 4-54 所示。

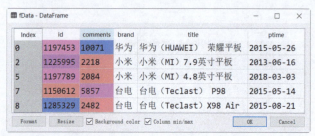

图 4-54 指定多个值抽取结果

第 4 章　数据处理

2. 关键词抽取

关键词抽取就是根据指定字段中包含指定关键词的数据记录。在 Pandas 中使用 contains 函数进行关键词抽取，它的常用参数如图 4-55 所示。

pandas.Series.str.contains(pat, case=True, na=NaN)	
参数	说明
pat	要包含的字符
case	英文是否忽略大小写
na	缺失值的填充方式，默认为 NaN，在过滤的场景，需要设置为 False，也就是缺失值返回 False

图 4-55　contains 函数常用参数

例如需要抽取出商品标题包含"台电"关键字的商品数据记录，代码如下所示：

```
# 根据关键词"台电"抽取数据记录
fData = data[data.title.str.contains('台电', na=False)]
```

执行代码，即可抽取出商品标题包含"台电"关键词的商品数据记录，如图 4-56 所示。

图 4-56　关键词抽取结果

3. 数据范围抽取

数据范围抽取常用的比较条件有大于(>)，小于(<)，大于等于(>=)，小于等于(<=)，不等于(!=) 这五种。

例如需要抽取商品评论数大于 10000 的商品数据记录，代码如下所示：

```
# 抽取商品评论数大于 10000 的商品数据记录
fData = data[data.comments > 10000]
```

执行代码，即可得到符合商品评论数大于 10000 的商品数据记录，如图 4-57 所示。

图 4-57　数据范围抽取结果

数据范围抽取还可以使用 between 函数，它的常用参数如图 4-58 所示。

pandas.Series.between(left, right, inclusive=True)	
参数	说明
left	最小值
right	最大值
inclusive	是否包含最小值和最大值，默认为True包含

图 4-58　between 函数常用参数

例如需要抽取商品评论数大于等于 10000 且和小于等于 20000 的商品数据记录，代码如下所示：

```
# 抽取商品评论数大于等于10000且小于等于20000的商品数据记录
fData = data[data.comments.between(10000, 20000)]
```

执行代码，即可得到评论数大于等于 10000 且小于等于 20000 的商品数据记录。

4. 时间范围抽取

时间范围抽取，是指根据一定的时间范围条件，对数据记录进行抽取。如果时间数据列为非时间型数据，同样需要先将其转为时间类型数据再进行时间范围抽取。

```
# 将上线时间 ptime 列，转为时间类型的数据
data['ptime'] = pandas.to_datetime(
    data.ptime,
    format='%Y-%m-%d'
)
```

执行代码，即可得到 ptime 列为时间类型的数据，如图 4-59 所示。

在 Pandas 中，查询、抽取条件中不可以直接输入查询、抽取的起始日期，可以直接输入的只有字符型、数值型和逻辑型这三种数据类型数据，其他数据类型数据都需要事先进行定义，所以要根据时间范围进行抽取数据记录，需要先定义抽取时间范围

条件的前后两个时间点，可以使用 datetime 模块中的 datetime 函数进行定义，datetime 函数的常用参数，如图 4-60 所示。

图 4-59 记录抽取案例数据 2

参数	说明
datetime.datetime(year, month, day, hour=0, minute=0, second=0)	
year	年
month	月
day	日
hour	时，默认值为 0
minute	分，默认值为 0
second	秒，默认值为 0

图 4-60 datetime 函数常用参数

定义时间点，需要先导入 datetime 模块中的 datetime 函数，代码如下所示：

代码输入

```python
# 从 datetime 模块中，引入 datetime 时间类型构造函数
from datetime import datetime
# 定义时间点 1，2015 年 01 月 01 日
dt1 = datetime(
    year=2015,
    month=1,
    day=1
)
# 定义时间点 2，2015 年 12 月 31 日
dt2 = datetime(
    year=2015,
    month=12,
    day=31
)
# 获取介于 2015 年 01 月 01 日和 2015 年 12 月 31 日间的数据
fData = data[(data.ptime >= dt1) & (data.ptime <= dt2)]
```

执行代码,得到的结果如图 4-61 所示。

图 4-61　时间范围抽取结果

5、组合条件抽取

组合条件抽取是指使用逻辑运算,将指定值抽取、关键词抽取、数据范围抽取、时间范围抽取等多种抽取条件灵活组合抽取数据记录。常用的组合条件逻辑运算有:并且(&)、或者(|)、取反(~)。

例 1:需要抽取商品标题中不包含"台电"的商品数据记录,代码如下所示:

代码输入

```
# ~ 为取反
fData = data[~data.title.str.contains('台电', na=False)]
```

执行代码,即可抽取不包含"台电"的商品数据记录,如图 4-62 所示。

图 4-62　组合条件抽取结果 1

例 2:需要从商品数据记录中,获取到评论数大于等于 1000、小于等于 10000,并且商品品牌为"小米"的商品数据记录,代码如下所示:

代码输入

```
# 根据组合逻辑条件抽取数据记录
fData = data[
    (data.comments >= 1000) & (data.comments <= 10000)
    & (data.brand == '小米')
]
```

第 4 章 数据处理

执行代码，即可抽取出符合条件的商品数据记录，如图 4-63 所示。

图 4-63 组合条件抽取结果 2

4.4.3 随机抽样

随机抽样，是按照随机的原则，也就是保证总体中每个样本都有同等机会被抽中的原则，进行样本抽取的一种方法。

随机抽样在各行各业中都有广泛的应用，例如在数据挖掘建模的过程中，数据往往是十几万甚至是百万级的数据，如果要对所有的数据进行计算，在时间、计算资源等方面都很难满足计算要求，因此对数据进行随机抽样就很有必要了。

随机抽样主要包括简单随机抽样、分层抽样、系统抽样等方法，其中简单随机抽样是最基本、最常用的抽样方法。

简单随机抽样分为重复抽样和不重复抽样，不重复抽样是较为常用的抽样方式。

★ 重复抽样，又称放回抽样，抽样时每次抽中的样本仍放回总体，参加下次抽样，总体中同一个样本可能不止一次被抽中。
★ 不重复抽样，又称不放回抽样，抽样时抽中的样本不再放回总体，总体中同一个样本只能抽中一次。

在 Pandas 中，可以使用 sample 函数进行简单随机抽样，它可以设置按照样本个数或样本百分比进行抽样，同时还可以设置是否可放回抽样，sample 函数的常用参数，如图 4-64 所示。

pandas.DataFrame.sample(n, frac, replace=False)	
参数	说明
n	按个数抽样
frac	按百分比抽样，frac和n只能二选一
replace	可放回抽样，True可放回，False不可放回，默认False

图 4-64 sample 函数常用参数

在进行随机抽样之前，先将数据导入 data 变量，代码如下所示：

代码输入

```
import pandas
data = pandas.read_csv(
    'D:/PDABook/第四章/4.4.3 随机抽样/随机抽样.csv',
    engine='python', encoding='utf8'
)
```

执行代码，得到的数据如图 4-65 所示，这是一份用户的消费数据，第一列为用户 ID，第二列为用户姓名，第三列为用户消费。

Index	ID	姓名	消费
0	1	刘一	256
1	2	陈二	239
2	3	张三	282
3	4	李四	245
4	5	王五	162
5	6	赵六	295
6	7	孙七	173
7	8	周八	197
8	9	吴九	236
9	10	郑十	311

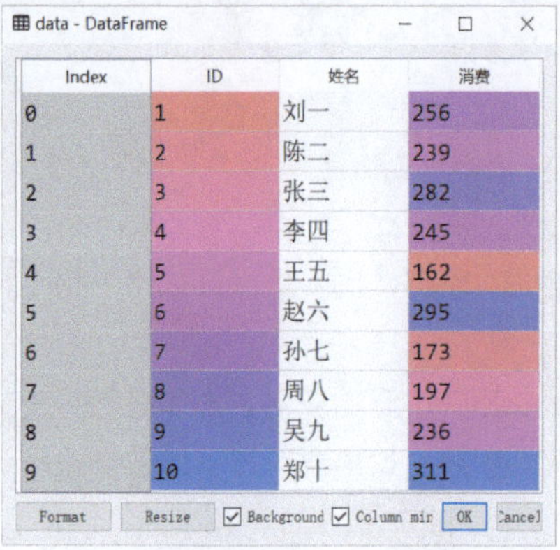

图 4-65　随机抽样数据示例

使用 sample 函数，有三个知识点，分别是按个数抽样、按百分比抽样以及是否放回抽样。

1. 按个数抽样

通过设置 sample 函数的参数 n，即可实现按个数抽样。例如需要从所有用户中，随机抽取 3 个用户数据记录，代码如下所示：

代码输入

```
# 按照个数抽样
sData = data.sample(n=3)
```

执行代码，即可得到随机抽取 3 个用户数据记录的抽样结果，如图 4-66 所示。

Index	ID	姓名	消费
7	8	周八	197
0	1	刘一	256
1	2	陈二	239

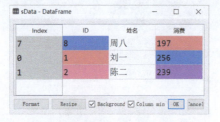

图 4-66　按个数抽样结果

第 4 章 数据处理

2. 按百分比抽样

通过设置 sample 函数的参数 frac，即可实现按百分比抽样。需要注意的是，不能同时设置参数 n 和 frac，只能从按个数抽样和按百分比抽样中选择一种抽样方式。另外，不能直接输入 20%，而是需要输入 0.2。

例如要从所有用户中，随机抽取 20% 的用户数据记录，代码如下所示：

代码输入
```
# 按照百分比抽样
sData = data.sample(frac=0.2)
```

执行代码，即可得到随机抽取 20% 的用户数据记录的抽样结果，如图 4-67 所示。

图 4-67　按百分比抽样结果

3. 是否放回抽样

通过设置 replace 参数为 True，即为放回抽样，设置 replace 参数为 False，即为不放回抽样。例如需要进行放回抽样随机抽取 3 个用户数据记录，代码如下所示：

代码输入
```
# 是否可放回抽样
sData = data.sample(n=3, replace=True)
```

执行代码，即可得到 3 个可放回抽样的用户数据记录，如图 4-68 所示。可以看到，索引为 9，ID 为 10 的行，被重复抽中了，通常这不是我们需要的抽样结果，所以重复抽样不常用，常用的抽样方法是不重复抽样。

图 4-68　可放回抽样结果

4.5 数据合并

数据合并是指综合数据表中某几个字段的信息或不同记录数据，组合成一个新字段、新记录数据，常用的操作有记录合并、字段合并、字段匹配。

4.5.1 记录合并

记录合并，也称为纵向合并，是指将具有共同的数据字段、结构，但记录信息不同的数据表，合并到一个新的数据表中。

在 Pandas 中，记录合并是指将两个数据框，合并成一个数据框的过程，这样做主要是为了将数据合并统一起来，方便进行数据处理、分析。

例如图 4-69 中，左边有两个不同品牌移动设备的数据框，它们具有共同的数据字段、结构，因此可以把它们合并成为右边的数据框。

图 4-69 记录合并示例

在 Pandas 中，使用 concat 函数进行数据框的记录合并操作，concat 函数的常用参数如图 4-70 所示。

pandas.concat(dataes)	
参数	说明
dataes	要合并的数据框列表

图 4-70 concat 函数常用参数

在进行记录合并之前，先导入需要使用的数据，代码如下所示：

代码输入

```python
import pandas
data1 = pandas.read_csv(
    'D:/PDABook/第四章/4.5.1 记录合并/台电.csv',
    engine='python', encoding='utf8'
)
data2 = pandas.read_csv(
```

第 4 章 数据处理

```
    'D:/PDABook/第四章/4.5.1 记录合并/小米.csv',
    engine='python', encoding='utf8'
)
data3 = pandas.read_csv(
    'D:/PDABook/第四章/4.5.1 记录合并/苹果.csv',
    engine='python', encoding='utf8'
)
```

执行代码，即可得到如图 4-71 至图 4-73 中的三份商品信息的数据，可以看到，第一列为商品 id，第二列为商品评论数 comments，第三列为商品标题 title。

Index	id	comments	title
0	1235465	3256	台电（Teclast）X98 Air Ⅱ
1	1312660	342	台电（Teclast）X10HD 3G
2	1192758	1725	台电（Teclast）P98 Air
3	1312671	279	台电（Teclast）X89
4	1094550	2563	台电（Teclast）P19HD
5	1327452	207	台电（Teclast）P80 3G

图 4-71　记录合并数据 1

Index	id	comments	title
0	1134006	13231	小米（MI）MIX
1	1192330	6879	小米（MI）MIX 2
2	1225995	2218	小米（MI）MAX
3	1225988	1336	小米（MI）MAX 2
4	1284247	578	小米（MI）7

图 4-72　记录合并数据 2

Index	id	comments	title
0	996961	62014	Apple iPad Air
1	996967	59503	Apple iPad mini
2	1246836	8791	Apple iPhone 7
3	996964	9332	Apple iPhone X
4	1250967	4932	Apple iPad Air 2

图 4-73　记录合并数据 3

谁说菜鸟不会数据分析（Python 篇）

现在需要把这三份数据合并成一份数据，使用 concat 函数，分别将 data1、data2、data3 组成一个列表，作为参数传进去，即可实现多个数据框合并成一个数据框，代码如下所示：

代码输入
```
data = pandas.concat([data1, data2, data3])
```

执行代码，即可得到记录合并后的数据，如图 4-74 所示。

index	id	comments	title
0	1235465	3256	台电（Teclast）X98 Air II
1	1312660	342	台电（Teclast）X10HD 3G
2	1192758	1725	台电（Teclast）P98 Air
3	1312671	279	台电（Teclast）X89
4	1094550	2563	台电（Teclast）P19HD
5	1327452	207	台电（Teclast）P80 3G
0	1134006	13231	小米（MI）MIX
1	1192330	6879	小米（MI）MIX 2
2	1225995	2218	小米（MI）MAX
3	1225988	1336	小米（MI）MAX 2
4	1284247	578	小米（MI）7
0	996961	62014	Apple iPad Air
1	996967	59503	Apple iPad mini
2	1246836	8791	Apple iPhone 7
3	996964	9332	Apple iPhone X
4	1250967	4932	Apple iPad Air 2

图 4-74 记录合并结果 1

如果要合并的数据具有不同的列，那么记录合并将会是怎样的结果呢？下面使用 data1 的 id 和 comments 列，data2 的 comments 和 title 列，data3 的 id 和 title 列，也就是每份数据各少一列，来看看合并的效果，代码如下所示：

代码输入
```
data = pandas.concat([
    data1[['id', 'comments']],
    data2[['comments', 'title']],
    data3[['id', 'title']]
])
```

执行代码，得到的数据如图 4-75 所示，从数据中可以看到，缺少的对应列，都使用 nan 进行填充了，也就是说 concat 函数是根据列名进行记录合并，而不是根据列位置。

第 4 章 数据处理

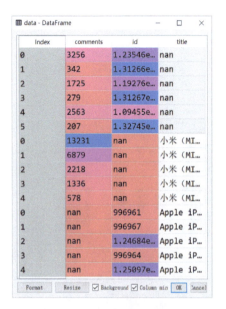

图 4-75 记录合并结果 2

4.5.2 字段合并

字段合并，是指将同一个数据表中的某几个字段合并为一个新字段，它是字段拆分的逆操作。例如图 4-76 的数据框，包含了运营商、地区和号码段，需要把它们合并成为右边完整的手机号码，这个过程就是字段合并。

运营商	地区	号码段		运营商	地区	号码段	手机号码
189	2225	4812		189	2225	4812	18922254812
135	2225	5003		135	2225	5003	13522255003
134	2225	9938		134	2225	9938	13422259938
188	2225	6753	➡	188	2225	6753	18822256753
134	2225	9313		134	2225	9313	13422259313
138	2225	4373		138	2225	4373	13822254373
133	2225	2452		133	2225	2452	13322252452
189	2225	7681		189	2225	7681	18922257681

图 4-76 字段合并示例

在 Pandas 中，要合并多个字段的数据，直接使用加号即可进行字段合并，但是在合并之前需要注意，字符型数据的加号运算，是合并字符型数据，而数值型数据的加号运算，是四则运算。如果数值型数据需要按照字符型数据合并的方式进行合并，那么需要先将数值型数据转为字符型数据，再进行合并即可。

因此，在处理数值型数据的字段合并之前，应该先使用 astype 函数，把数值型数据转为字符型数据。现以图 4-76 中的数据为例学习如何进行字段合并，先导入数据到 data 变量中，代码如下所示：

谁说菜鸟不会数据分析（Python 篇）

代码输入

```python
import pandas
data = pandas.read_csv(
    'D:/PDABook/第四章/4.5.2 字段合并/字段合并.csv',
    engine='python'
)
```

执行代码，得到的数据如图 4-77 所示，可以看到，第一列为运营商 band，第二列为地区编码 area，第三列为号码段 num，这三列均为数值型数据。

图 4-77　字段合并数据示例

现在需要将它们合并成为一个手机号码字段，先使用 astype 函数，把三个字段都转为字符型数据，然后再进行加号运算，代码如下所示：

代码输入

```python
# 将整个数据框都转为字符型
data = data.astype(str)
# 将 band、area、num 列合并为一个新的列
tel = data['band'] + data['area'] + data['num']
# 将新的列加入到数据框中
data['tel'] = tel
```

执行代码，即可得到字符型的手机号码字段，如图 4-78 所示。

图 4-78　字段合并结果

4.5.3　字段匹配

字段匹配，也称为横向合并，它是将原数据表没有的，但其他数据表（维表）中有的字段，通过共同的关键字段进行一一对应匹配至原数据表中，从而达到获取新字段的目的。它的前提是需要匹配合并的两张表必须具有共同的关键字段，并且数据类型还需要一致。

字段匹配是数据处理中常用的一个功能，例如，图 4-79 左边的两个数据框，第一个数据框有商品的 ID、品牌、名称三列数据，第二个数据框有商品的 ID、原价、现价三列数据。这两个数据框可以根据 ID 这个共同的关键字段，通过字段匹配合并成右边的数据框。

ID	品牌	名称
1	Apple	Ipad Mini
2	Apple	IPhone
……	……	……

ID	原价	现价
1	2999	1999
2	3999	2999
……	……	……

→

ID	品牌	名称	原价	现价
1	Apple	Ipad Mini	2999	1999
2	Apple	IPhone	3999	2999
……	……	……	……	……

图 4-79　字段匹配示例

下面先将图 4-79 左边的两个数据框数据导入，代码如下所示：

代码输入

```
import pandas
items = pandas.read_csv(
    'D:/PDABook/ 第四章 /4.5.3 字段匹配 / 商品名称 .csv',
    engine='python', encoding='utf8'
)
prices = pandas.read_csv(
    'D:/PDABook/ 第四章 /4.5.3 字段匹配 / 商品价格 .csv',
    engine='python', encoding='utf8'
)
```

执行代码，得到的数据如图 4-80 和图 4-81 所示，这两份数据中，需要注意每个数据框都有一行特殊的数据，例如图 4-80 中的最后一行 id 为 0，title 为“左边才有的”的数据，图 4-81 中的最后一行 id 为 1，nowPrice 为“右边才有的”的数据，这两行数据是特别加入的，主要用于验证不同连接方式的结果，以便理解不同连接方式的特点。

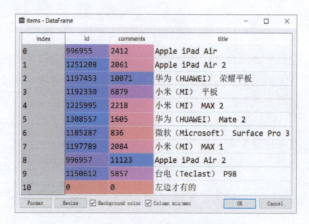

index	id	comments	title
0	996955	2412	Apple iPad Air
1	1251208	2061	Apple iPad Air 2
2	1197453	10071	华为（HUAWEI） 荣耀平板
3	1192330	6879	小米（MI） 平板
4	1225995	2218	小米（MI） MAX 2
5	1308557	1605	华为（HUAWEI） Mate 2
6	1185287	836	微软（Microsoft） Surface Pro 3
7	1197789	2084	小米（MI） MAX 1
8	996957	11123	Apple iPad Air 2
9	1150612	5857	台电（Teclast） P98
10	0	0	左边才有的

图 4-80　商品信息数据

Index	id	oldPrice	nowPrice
0	996955	3099	4299
1	1251208	4288	4289
2	1197453	799	1000
3	1192330	1699	1799
4	1225995	1299	1599
5	1308557	999	1099
6	1185287	7388	7588
7	1197789	1299	1500
8	996957	2788	2899
9	1150612	999	1499
10	1	1	右边才有的

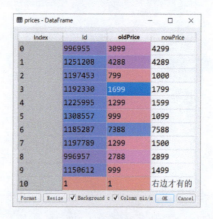

图 4-81　商品价格数据

在 Excel 中通常使用 VLookup 的精确匹配功能进行字段匹配操作，而在 Pandas 中，需要使用 merge 函数进行字段匹配，merge 函数的常用参数，如图 4-82 所示。

pandas.merge(left, right, left_on, right_on, how='inner')	
参数	说明
left	左边的数据框
right	右边的数据框
left_on	连接中使用左数据框的列名
right_on	连接中使用右数据框的列名
how='inner'	连接的方法，有inner，left，right，outer

图 4-82　merge 函数常用参数

其中，how 参数，也就是连接方法的设置，总共有四种，分别为内连接 inner、左连接 left、右连接 right 和外连接 outer，这与关系数据库的连接方法是一样的，如图 4-83 所示。

图 4-83 连接关系示意图

1. 内连接 inner

how 参数的默认值为 inner，也就是内连接。内连接只匹配符合 left_on 和 right_on 指定列相等的行数据，left_on 和 right_on 指定列也就是两个数据表共同的关键字段，如果有不相等的行，则不做匹配处理。

现在将 items 和 prices 两个数据框，通过共同的关键字段 id，使用内连接的方式进行合并，因为 inner 是 how 参数的默认值，所以本例就不对 how 参数进行设置，代码如下所示：

代码输入

```python
# 默认内连接，只保留条件相等的行数据
itemPrices = pandas.merge(
    items,
    prices,
    left_on='id',
    right_on='id'
)
```

执行代码，得到字段匹配的结果如图 4-84 所示。可以看到，两个数据框中，id 为 0 与 1 的两行数据，都没有出现在内连接的结果中。

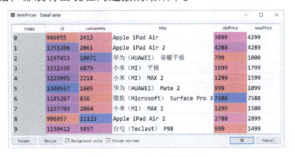

图 4-84 内连接结果

2. 左连接 left

how 参数设置为 left，即为左连接，左连接除了匹配符合 left_on 和 right_on 指定列相等的行数据外，还会将左数据框中未匹配到右数据框数据的行数据保留，而对应的未匹配到右数据框中的列，使用 nan 进行填充。

代码输入

```python
# 左连接
itemPrices = pandas.merge(
    items,
    prices,
    left_on='id',
    right_on='id',
    how='left'
)
```

执行代码，得到的结果如图 4-85 所示。可以看到，在左边的数据框中，有一行 id 为 0，标题是"左边才有的"行，在左连接的结果中保留下来了，而它对应的未匹配到右边数据框中的列，都使用 nan 值填充。

图 4-85　左连接结果

3. 右连接 right

how 参数设置为 right，即为右连接，右连接除了匹配符合 left_on 和 right_on 指定列相等的行数据外，还会把右数据框未匹配到左数据框数据的行数据保留，它对应的未匹配到左数据框中的列，使用 nan 进行填充。

代码输入

```python
# 右连接
itemPrices = pandas.merge(
    items,
    prices,
    left_on='id',
    right_on='id',
    how='right'
)
```

执行代码，得到的结果如图 4-86 所示。可以看到，在右边的数据框中，有一行 id 为 1，标题是“右边才有的”行，在右连接的结果中保留下来了，而它对应的未匹配到左边数据框中的列，都使用 nan 值填充。

Index	id	comments	title	oldPrice	nowPrice
0	996955	2412	Apple iPad Air	3099	4299
1	1251208	2061	Apple iPad Air 2	4288	4289
2	1197453	10071	华为（HUAWEI） 荣耀平板	799	1000
3	1192330	6879	小米（MI） 平板	1699	1799
4	1225995	2218	小米（MI） MAX 2	1299	1599
5	1308557	1605	华为（HUAWEI） Mate 2	999	1099
6	1185287	836	微软（Microsoft） Surface Pro 3	7388	7588
7	1197789	2084	小米（MI） MAX 1	1299	1500
8	996957	11123	Apple iPad Air 2	2788	2899
9	1150612	5857	台电（Teclast） P98	999	1499
10	1	nan	nan	1	右边才有的

图 4-86　右连接结果

4. 外连接 outer

how 参数设置为 outer，即为外连接，外连接除了匹配符合 left_on 和 right_on 指定列相等的行数据外，还会把左数据框和右数据框未匹配到的行数据都保留，未匹配的列使用 nan 进行填充。

代码输入

```
# 外连接
itemPrices = pandas.merge(
    items,
    prices,
    left_on='id',
    right_on='id',
    how='outer'
)
```

执行代码，即可得到图 4-87 的结果。在左边数据框中，有一行 id 为 0，title 为“左边才有的”的数据，以及在右边的数据框中，有一行 id 为 1，nowPrice 为“右边才有的”的数据，在外连接的结果中都保留下来了，而它对应的未匹配到的列，都使用 nan 值填充。

Index	id	comments	title	oldPrice	nowPrice
0	996955	2412	Apple iPad Air	3099	4299
1	1251208	2061	Apple iPad Air 2	4288	4289
2	1197453	10071	华为（HUAWEI） 荣耀平板	799	1000
3	1192330	6879	小米（MI） 平板	1699	1799
4	1225995	2218	小米（MI） MAX 2	1299	1599
5	1308557	1605	华为（HUAWEI） Mate 2	999	1099
6	1185287	836	微软（Microsoft） Surface Pro 3	7388	7588
7	1197789	2084	小米（MI） MAX 1	1299	1500
8	996957	11123	Apple iPad Air 2	2788	2899
9	1150612	5857	台电（Teclast） P98	999	1499
10	0	0	左边才有的	nan	nan
11	1	nan	nan	1	右边才有的

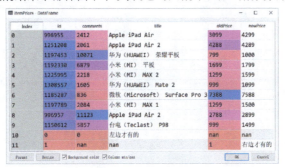

图 4-87　外连接结果

4.6 数据计算

数据计算是根据原有的字段数据，采用简单计算、函数计算等方式得到新的字段数据，以便进行下一步数据处理或数据分析工作。

4.6.1 简单计算

简单计算，是指通过对已有字段进行加、减、乘、除等运算，得出新的字段的过程。例如有一个记录了单价和数量的数据框，如果需要计算商品总额，就需要使用单价字段乘以数量字段，即可得到商品总额字段，计算过程如图 4-88 所示。

商品名称	单价	数量
A	6058	408
B	1322	653
……	……	……

商品名称	单价	数量	商品总额
A	6058	408	2471664
B	1322	653	863266
……	……	……	……

图 4-88　简单计算示例

在 Pandas 中，直接使用两个数值列，进行四则运算，根据向量化计算的规则，两个向量进行四则运算，是将对应位置的数值进行四则运算，计算结果返回在对应的位置，即可得到一组计算结果的列。

代码输入
```python
import pandas
data = pandas.read_csv(
    'D:/PDABook/第四章/4.6.1 简单计算/单价数量.csv',
    engine='python'
)
data['total'] = data.price * data.num
```

执行代码，即可得到简单计算的结果，如图 4-89 所示。

Index	name	price	num	total
0	A	6058	408	2471664
1	B	1322	653	863266
2	C	7403	400	2961200
3	D	4911	487	2391657
4	E	3320	56	185920
5	F	3245	475	1541375
6	G	4881	746	3641226
7	H	8035	980	7874300
8	I	6772	316	2139952
9	J	4050	661	2677050
10	K	2673	783	2092959
11	L	2787	975	2717325
12	M	2839	221	627419
13	N	331	480	158880

图 4-89　简单计算结果

4.6.2 时间计算

时间计算是指计算两个时间点之间的距离天数。例如根据用户的注册时间以及当前时间计算用户的注册天数。

根据当前时间计算用户的注册天数，直接使用当前时间减去用户注册时间即可，而当前时间可以直接使用 datetime 模块的 now 函数获取，所以在计算之前，要先导入 datetime 模块，代码如下所示：

代码输入
```python
import pandas
data = pandas.read_csv(
    'D:/PDABook/第四章/4.6.2 时间计算/时间计算.csv',
    engine='python', encoding='utf8'
)
# 把字符串的注册时间列，转为时间类型的时间列
data['时间'] = pandas.to_datetime(
    data.注册时间,
    format='%Y/%m/%d'
)
# 从 datetime 模块，引入 datetime 类，用于获取当前时间
from datetime import datetime

# 注册天数等于当前时间减去注册时间
data['注册天数'] = datetime.now() - data['时间']
```

执行代码，即可获取每个用户的注册天数，如图 4-90 所示。

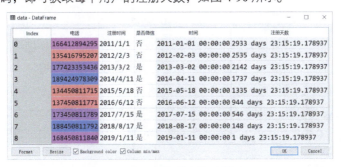

图 4-90 用户注册天数计算结果

注册天数这一列的显示有点复杂，这是因为关于时间间隔，不仅仅只有天数，还包含了时、分、秒和微秒信息，可以使用时间间隔的 dt 对象的 days 函数，获取其中的天数，代码如下所示：

代码输入
```python
# 把时间间隔的数据类型简化，只保留天数，对于时分秒的间隔去掉
data['注册天数'] = data['注册天数'].dt.days
```

执行代码，即可得到简化的注册天数，如图 4-91 所示。

Index	电话	注册时间	是否微信	时间	注册天数
0	166412894295	2011/1/1	否	2011-01-01 00:00:00	2945
1	135416795207	2012/2/3	否	2012-02-03 00:00:00	2547
2	177423353436	2013/3/2	是	2013-03-02 00:00:00	2154
3	189424978309	2014/4/11	是	2014-04-11 00:00:00	1749
4	134450811715	2015/5/18	否	2015-05-18 00:00:00	1347
5	137450811771	2016/6/12	否	2016-06-12 00:00:00	956
6	173450811789	2017/7/15	是	2017-07-15 00:00:00	558
7	188450811792	2018/8/17	是	2018-08-17 00:00:00	160
8	168450811840	2019/1/11	是	2019-01-11 00:00:00	13

图 4-91 注册天数简化后结果

4.6.3 数据标准化

数据标准化，是指将数据按比例缩放，使之落入特定区间，数据标准化的作用就是为了消除单位量纲的影响，方便进行不同变量间的对比分析。

通常进行综合评价分析、聚类分析、因子分析、主成分分析前，如果各个变量存在量纲不统一的情况，就需要先进行数据标准化处理。

0-1 标准化是最常使用的数据标准化方法。0-1 标准化的公式为向量中的每个值与所在向量中的最小值的差，除以所在向量中的最大值与最小值的差。

$$x^* = \frac{x - min}{max - min}$$

0-1 标准化除了计算简单、便于理解外，还有一个好处，就是进行 10 分制、100 分制换算非常方便，只需乘上 10 或 100 即可，其他分制的换算同理。

在 Python 中，没有直接实现 0-1 标准化的方法，可以通过自己编写 0-1 标准化的计算公式实现。编写代码需要使用一个对小数进行四舍五入的 round 函数，如图 4-92 所示，它有两个参数，第一个是要处理的数字，第二个是要保留的小数位数，本例设置为 2，也就是保留两位小数。

round(number, ndigits)	
参数	说明
number	要四舍五入的数字
ndigits	要保留的小数位数

图 4-92 round 函数常用参数

导入使用的案例数据到 data 变量中，代码如下所示：

代码输入

```
import pandas
data = pandas.read_csv(
    'D:/PDABook/ 第四章 /4.6.3 数据标准化 / 标准化 .csv',
    engine='python', encoding='utf8'
)
```

执行代码，得到的数据如图 4-93 所示。可以看到，第一列为用户 ID，第二列为用户姓名，第三列为用户消费。

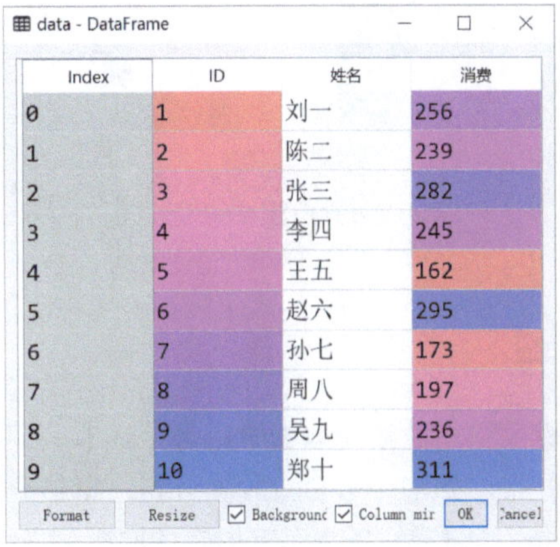

Index	ID	姓名	消费
0	1	刘一	256
1	2	陈二	239
2	3	张三	282
3	4	李四	245
4	5	王五	162
5	6	赵六	295
6	7	孙七	173
7	8	周八	197
8	9	吴九	236
9	10	郑十	311

图 4-93　数据标准化数据示例

接下来，对消费这一列数据进行 0-1 标准化处理，也就是根据 0-1 标准化的公式进行向量化计算：

★ 分子中的 x，就是需要进行标准化计算的列，直接把消费列填进去即可，然后减消费列的最小值，直接调用 min 函数，即可得到消费列的最小值。

★ 分母中的最大值减最小值，即消费列的最大值减最小值，直接调用消费列的 max 和 min 函数，即可得到消费列的最大值减去消费列的最小值的差。

具体 0-1 标准化实现的代码如下所示：

代码输入

```
# 0-1 标准化
data[' 消费标准化 '] = round(
    (
            data. 消费 - data. 消费 .min()
    ) / (
            data. 消费 .max() - data. 消费 .min()
    )
    , 2
)
```

执行代码，得到的结果如图 4-94 所示，从结果中可以发现，0-1 标准化值为 1 对应的消费，就是消费列中的最大值 311，而 0-1 标准化值为 0 对应的消费，就是消费列中的最小值 162，其他消费的 0-1 标准化值介于 0 到 1 之间。

data - DataFrame

Index	ID	姓名	消费	消费标准化
0	1	刘一	256	0.63
1	2	陈二	239	0.52
2	3	张三	282	0.81
3	4	李四	245	0.56
4	5	王五	162	0
5	6	赵六	295	0.89
6	7	孙七	173	0.07
7	8	周八	197	0.23
8	9	吴九	236	0.5
9	10	郑十	311	1

Format　Resize　☑ Background color　☑ Column min/max　OK　Cancel

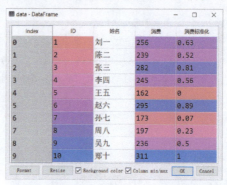

图 4-94　数据标准化结果

4.6.4　数据分组

数据分组，根据分析目的将数值型数据进行等距或非等距的分组，这个过程也称为数据离散化，一般看分布，如消费分布、收入分布、年龄分布。数组分组把数据分析对象划分为不同的区间进行研究，以揭示其内在的联系和规律性。

如图 4-95 所示，左边是每个用户的月消费数据框，如果按具体的每个月消费值来研究用户，这样划分就太细了，较难发现其中的规律，意义也不大。通常的做法就是进行分组汇总分析，把月消费转换为月消费分组，得到右边的分组数据框，再对用户进行分组汇总分析，这样便于发现其中的规律。

号码	月消费
166424556600	10.0
166424557199	25.0
……	……

→

号码	月消费	分组
166424556600	10.0	(0,20]
166424557199	25.0	(20,40]
……	……	……

图 4-95　数据分组示例

在 Pandas 中，使用 cut 函数进行数据分组，cut 函数的常用参数，如图 4-96 所示。

pandas.cut(x, bins, right, labels)	
参数	说明
x	数据框的列，Series
bins	用于指定分组的列表
right	分组区间右边是否封闭，默认封闭
labels	分组的自定义标签，可以不自定义

图 4-96　cut 函数常用参数

第 4 章　数据处理

下面以用户月消费数据为例，介绍在 Pandas 中如何使用 cut 函数进行数据分组操作。

首先导入数据，执行下面的代码，得到如图 4-97 中的数据，第一列为电话号码 tel，第二列为月消费 cost。

代码输入

```
import pandas
data = pandas.read_csv(
    'D:/PDABook/第四章/4.6.4 数据分组/数据分组.csv',
    engine='python', encoding='utf8'
)
```

图 4-97　数据分组示例

1. 分组的数组

bins 参数用于指定分组阈值的列表，这个分组阈值列表必须按照分组阈值从小到大排序，cut 函数会使用列表中相邻的前后两个分组阈值进行区间的设置。例如，把 bins 设置为 [0, 20, 40, 60, 80, 100]，那么将使用 (0, 20]、(20, 40]、(40, 60]、(60, 80]、(80, 100] 进行分组。

要划分区间，需要先把消费列的最小值和最大值确定下来，代码如下所示：

代码输入	结果输出
`# 确认 cost 列中的最小值` `data.cost.min()`	2.0
`# 确认 cost 列中的最大值` `data.cost.max()`	100.0

`# cut 函数分段区间默认为左开放、右封闭，而 cost 列中最小值为 2，`
`# 最大值为 100，组距为 20，`
`# 为了让区间整齐一致，并且包含 2~100 内的所有数值，`
`# 所以设置 bins 参数列表最小值为 0，最大值为 100`
`bins = [`
`    0, 20, 40, 60, 80, 100`
`]`	

145

```
data['cut'] = pandas.cut(
    data.cost,
    bins
)
```

执行代码，得到的分组字段结果如图 4-98 所示。

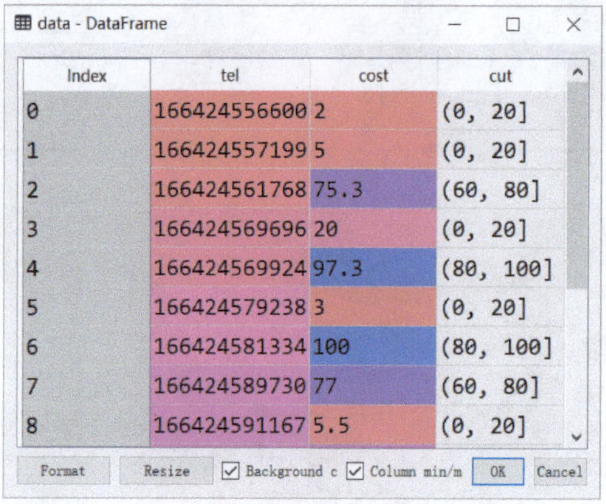

data - DataFrame

Index	tel	cost	cut
0	166424556600	2	(0, 20]
1	166424557199	5	(0, 20]
2	166424561768	75.3	(60, 80]
3	166424569696	20	(0, 20]
4	166424569924	97.3	(80, 100]
5	166424579238	3	(0, 20]
6	166424581334	100	(80, 100]
7	166424589730	77	(60, 80]
8	166424591167	5.5	(0, 20]

图 4-98　数据分组结果 1

2. 区间的闭合

从图 4-98 的分组中可以发现，cut 函数默认区间使用左开放（大于）、右封闭（小于等于）进行区间的设置，可以通过设置 right 参数改变区间的闭合：

★ right 参数默认设置为 True，区间就为左开放（大于）、右封闭（小于等于）；

★ right 参数设置为 False，区间就为左封闭（大于等于）、右开放（小于）。

代码输入

```
# 如果要设置右区间为开放，
# 那么 [2, 100] 内的 100 这个数字，将无法包含在 [0, 100) 中
# 为了让 100 也落入到一个区间内，需要增加一个区间为 [100, 120)
# 其中，120 是在 100 的基础上增加步长 20，目的是让区间看起来整齐一致
bins = [
    0, 20, 40, 60, 80, 100, 120
]
data['cut'] = pandas.cut(
    data.cost,
    bins,
    right=False
)
```

执行代码，得到的分组字段结果如图 4-99 所示，可以看到，分组区间更新为左闭合、右开放了。

第 4 章 数据处理

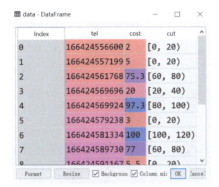

图 4-99 数据分组结果 2

3. 自定义标签

如果觉得 [1.0, 20.0) 这种分组标签不方便阅读，可以通过设置 labels 参数，自定义分组的标签数组，这个自定义分组标签的数组必须和 bins 划分的区间个数以及顺序一一对应。

代码输入

```
bins = [
    0, 20, 40, 60, 80, 100, 120
]
# 设置自定义标签，注意个数要和区间个数以及顺序都一一对应
customLabels = [
    '0到20', '20到40', '40到60',
    '60到80', '80到100', '100到120'
]
data['cut'] = pandas.cut(
    data.cost, bins,
    right=False, labels=customLabels
)
```

执行代码，得到的分组字段结果如图 4-100 所示。可以看到，在分组列，所有的标签都换成自定义标签了。

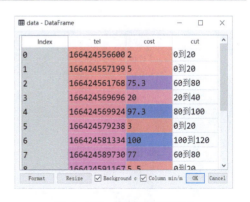

图 4-100 数据分组结果 3

第 5 章

数据分析

第 5 章　数据分析

数据处理好后，就可以进入数据分析的阶段，但是如果不了解数据分析方法，那么面对处理好的数据时，也会出现不知道要从哪些角度入手分析，脑袋一片空白的情况。

要进行数据分析，首先要了解有哪些数据分析方法，在前面介绍数据分析概念的时候，已经介绍了数据分析的三大作用，分别是现状分析、原因分析以及预测分析。那么这三大作用都是如何实现的呢？分别用什么数据分析方法实现呢？顺着这条路线思考下去，就可以发现这三大作用基本可分别对应对比、细分、预测三大基本方法，每个基本方法继续细分下去，又可以细分出一些具体的数据分析方法，如图 5-1 所示。

数据分析作用	基本方法	数据分析方法
现状分析	对比	对比分析 描述性分析 分组分析 结构分析 分布分析 交叉分析 RFM分析 矩阵分析 综合评价分析 ……
原因分析	细分	结构分解法 因素分解法 漏斗图分析 ……
预测分析	预测	相关分析 回归分析 时间序列 ……

图 5-1　常用数据分析方法

这样，我们要解决什么问题，达到什么目的，就可以使用对应的数据分析方法实现，指引非常清晰明了。

5.1　对比分析

任何事物都是既有共性特征，又有个性特征的。只有通过对比，才能分辨出事物的性质、变化、发展、与其他事物的异同等个性特征，从而更深刻地认识事物的本质和规律。因此，人们历来就把对比作为认识客观世界的基本方法。

1. 定义

对比分析，是指将两个或者两个以上的数据进行比较，分析它们的差异，从而揭示事物发展变化情况及其规律性。对比分析可以非常直观地看出事物某方面的变化或差距，并且可以准确、量化地表示出这种变化或差距是多少。

2. 指标与维度

数据分析需要对指标从不同的维度进行对比分析，才能得出有效的结论。指标与维度是数据分析中最常用到的术语，它们是非常基础的，但是又很重要，经常有朋友没有搞清楚它们之间的关系，只要掌握理解了，数据分析工作开展就容易多了。

(1) 指标

指标是用于衡量事物发展程度的单位或方法，它还有个 IT 上常用的名字，也就是度量。例如：人口数、GDP、收入、用户数、利润率、留存率、覆盖率等。很多公司都有自己的 KPI 指标体系，就是通过一批关键指标来衡量公司业务运营情况的好坏。

指标需要经过计数、加和、平均等汇总计算方式得到，并且是需要在一定的前提条件下进行汇总计算，如时间、地点、范围，也就是我们常说的统计口径与范围。

指标可以分为绝对数指标和相对数指标，绝对数指标反映的是规模大小，而相对数指标主要用来反映质量高低。

所以，分析一个事物发展程度可以从数量（Quantity）、质量（Quality）这两个方面的指标进行对比分析，简称为 QQ 模型，也称为 QQ 模型分析法，QQ 模型是数据分析中一种常用的分析方法，如图 5-2 所示。

图 5-2　QQ 模型示例

第一个 Q，就是数量（Quantity），也是我们常说的绝对数指标，例如收入、用户数、渠道数、GDP、人口数等绝对数指标，主要用来衡量事物发展的规模大小。

第二个 Q，就是质量（Quality），也是我们常说的相对数指标，例如利润率、留存率、覆盖率、人均 GDP、人均收入等相对数指标，主要用来衡量事物发展的质量高低。

质量又可以分为广度和深度两个角度：

★ 广度是指群体覆盖的范围，例如：留存率、渗透率、付费率等。

★ 深度是指群体参与的深度，例如：人均消费额、人均 GDP、人均收入、人均在线时长等。

第 5 章　数据分析

例如分析业务时，先分析业务是否达到一定的规模。如果业务规模够大，可以再分析质量高不高。如果质量不高，就可以从提升质量角度入手，我们常说的量变引起质变就是这个道理。收入与利润率、用户数与留存率等组合分析，都是 QQ 模型的经典应用。

2）维度

刚才说过，指标用于衡量事物发展程度，那这个程度是好还是坏，就需要通过不同维度进行对比才能知道。

维度是事物或现象的某种特征，也是我们常说的分析角度，如产品类型、用户类型、地区、时间等都是维度，如图 5-3 所示。

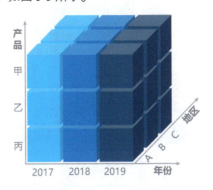

图 5-3　数据分析维度

时间是一种常用、特殊的维度，时间维度上的对比称为纵比。本月数据与上个月数据进行对比，就是环比；本月数据与去年同月数据进行对比，就是同比；每个月的数据与某一固定月份数据进行对比，就是定基比。

通过时间前后的对比，就可以知道在时间维度上事物的发展变化是好还是坏，如新增用户数环比上月增长 10%，同比去年同期增长 20%。

另一个对比就是横比，如不同国家人口数、GDP 的对比，不同省份收入、用户数的对比，不同公司、不同部门的对比，不同产品的对比，不同用户的对比。

根据数据类型来划分，维度可以分为定性维度、定量维度。

★ 数据类型为字符型数据，就是定性维度，它是事物的固有特征属性，如产品类型、用户类型、地区都是定性维度。

★ 数据类型为数值型数据，就是定量维度，如收入、消费、年龄等，一般需要对定量维度进行数值分组处理，再进行对比等分析，这样做的目的是为了使分析结果更加直观、规律更加明显，因为分组越细，规律就越不明显，最后细到最原始的明细数据，那就无规律可循。

再次强调，只有通过事物发展的数量、质量两大指标，从横比、纵比角度进行全方位的对比,才能全面了解事物发展的情况与规律。

3. 注意事项

在进行对比分析时,还需要注意以下问题:

1)指标的口径范围、计算方法、计量单位必须一致,即要用同一种单位或标准去衡量。如果各指标的口径范围不一致,必须进行调整之后才能进行对比。没有统一的标准,就无法比较,或者无法确认比较的结果。例如 600 美元与 3000 元人民币就无法直接比较,需要根据当期的汇率进行换算后才可进行比较,否则不具有可比性。

2)对比的指标类型必须一致,无论绝对数指标、相对数指标,还是其他不同类型的指标,在进行比对时,双方必须统一(不能出现图 5-4 所示的情况)。例如 2010 年广州 GDP 值与 2010 年深圳 GDP 增长率,是无法进行对比的,因为两种指标类型不一样。

图 5-4 对比指标不一致

对比分析是数据分析中最基本的分析方法,也是最实用、最常用的分析方法,只有通过数据间的对比,才能分析它们的差异,进而了解事物发展的情况与规律。

了解了数据分析基本方法——对比分析之后,我们来学习对比的一些常用统计指标,也就是基本统计分析。

5.2 基本统计分析

基本统计分析,又叫描述性统计分析,它是指运用制表、分类、图形以及计算概括性数据来描述数据特征的各项活动,以发现其内在规律的统计分析方法。

描述性统计分析主要包括数据的集中趋势分析、数据的离散程度分析、数据的频数分布分析等,常用的统计指标有:计数、求和、平均值、方差、标准差等。

在 Pandas 中,使用 describe 函数进行描述性统计分析,它的常用参数,如图 5-5 所示。

第 5 章 数据分析

describe 函数是数据框 DataFrame 和序列 Series 的函数，在需要分析的数据框或者序列中直接调用即可。

pandas.DataFrame.describe(percentiles=[0.25, 0.5, 0.75])	
参数	说明
percentiles	要计算的百分位数，默认计算第一四分位 (0.25)、中位 (0.5)、第三四分位数 (0.75)

图 5-5　describe 函数常用参数

describe 函数把统计结果以序列的形式进行返回，返回的统计指标，如图 5-6 所示。

统计指标	说明	对应函数
count	计数	count()
mean	均值	mean()
std	标准差	std()
min	最小值	min()
25%	第一四分位值	quantile(0.25)
50%	中位数	quantile(0.50)
75%	第三四分位值	quantile(0.75)
max	最大值	max()

图 5-6　describe 函数返回的统计指标

下面通过一个案例学习如何在 Pandas 中进行描述性统计分析，首先将案例数据导入 data 变量，代码如下所示：

代码输入
```python
import pandas
data = pandas.read_csv(
    'D:/PDABook/第五章/5.2 基本统计分析/描述性统计分析.csv',
    engine='python', encoding='utf8'
)
```

执行代码，即可得到如图 5-7 所示的数据，可以看到，这是一份某商品区域销售数据，第一列为 id，第二列为区域 area，第三列为销量 sales。

153

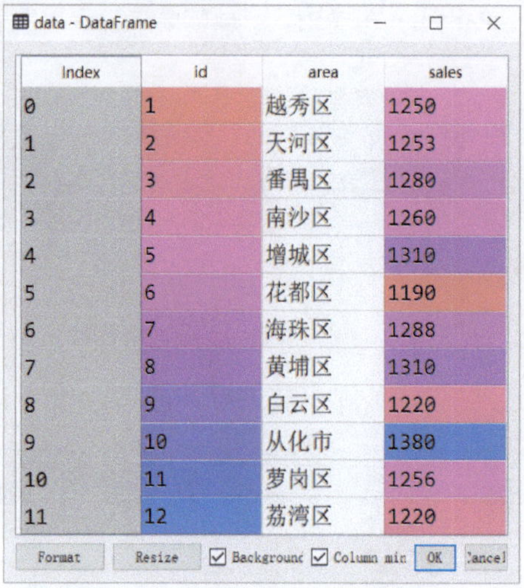

Index	id	area	sales
0	1	越秀区	1250
1	2	天河区	1253
2	3	番禺区	1280
3	4	南沙区	1260
4	5	增城区	1310
5	6	花都区	1190
6	7	海珠区	1288
7	8	黄埔区	1310
8	9	白云区	1220
9	10	从化市	1380
10	11	萝岗区	1256
11	12	荔湾区	1220

图 5-7　描述性统计案例数据

接下来对销量 sales 列进行描述性统计分析，在 sales 列中，调用 describe 函数，即可得到 sales 列的描述性统计分析结果，代码如下所示：

代码输入	结果输出

`# 描述性统计分析`
`data.sales.describe()`
	`count      12.000000`
	`mean     1268.083333`
	`std        50.510950`
	`min      1190.000000`
	`25%      1242.500000`
	`50%      1258.000000`
	`75%      1293.500000`
	`max      1380.000000`
	`Name: sales, dtype: float64`

执行代码，即可得到描述性统计分析结果。从结果中可以看到，总共有 12 个样本，均值为 1268.08，标准差是 50.51，最小值为 1190，第一四分位值为 1242.5，中值为 1258，第三四分位值为 1293.5，最大值为 1380。

如果只需要获取某个特定的统计指标，也可以直接调用对应的统计函数进行计算，常用的统计函数，代码如下所示：

代码输入	结果输出
`# 计数` `data.sales.count()`	12
`# 最大值` `data.sales.max()`	1380
`# 最小值` `data.sales.min()`	1190

第 5 章 数据分析

```
# 求和
data.sales.sum()                    15217
# 均值
data.sales.mean()                   1268.0833333333333
# 方差
data.sales.var()                    2551.3560606060605
# 标准差
data.sales.std()                    50.510949907976
```

获取百分位值需要使用 quantile 函数，quantile 函数的常用参数如图 5-8 所示。

参数	说明
pandas.Series.quantile(q, interpolation)	
q	要求解的百分位数
interpolation	选择 nearest，和百分位数最靠近的值

图 5-8　quantile 函数常用参数

quantile 函数的第一个参数为百分位数，例如要求得到排序在 30% 的值，那么设置第一个参数为 0.3 即可。

第二个参数 interpolation 是取值的方法，因为对应的百分数位置很可能没有值，例如 1，2，3 这三个数字，排序在 30% 的值是没有的。因此，可以通过设置 interpolation 参数的值为 nearest，也就是找到离 30% 最近的值进行返回，代码如下所示：

代码输入	结果输出
`# 百分位数，本例求排在 30% 的位数` `data.sales.quantile(0.3,interpolation='nearest')`	1250

执行代码，即可得到离排序在 30% 最近的数为 1250。

5.3　分组分析

分组分析法，是指根据分组字段，将分析对象划分成不同的部分，以对比分析各组之间的差异性的一种分析方法。

分组的目的就是为了便于对比，把总体中具有不同性质的对象区分开，把性质相同的对象合并在一起，保持各组内对象属性的一致性、组与组之间属性的差异性，以便进一步进行各组之间对比分析。

分组类型主要有两类，定性分组和定量分组：

★ 定性分组，它就是按事物的固有属性划分，如性别、学历、地区等属性。

★ 定量分组，也就是数值分组，根据分析目的将数值型数据进行等距或非等距的分组，在“数据处理”章节中，已经学习如何得到数值分组变量，有了数值分组变量，就可以进行定量分组分析了。

在 Pandas 中，对数据进行分组需要使用 groupby 和 agg 函数的组合，它们的组合方式以及常用参数，如图 5-9 所示。

pandas.DataFrame.groupby(by, as_index=True)[columns].agg(funs)	
参数	说明
by	分组列的列名
as_index	分组的列是否作为索引列，默认为True，设置为索引列
columns	统计列的列名
funs	统计列的统计函数，例如计数count，均值mean，方差std，求和sum，最大值max，最小值min等

图 5-9　groupby 函数常用参数

下面通过一个案例学习分组分析的使用，首先将案例数据导入 data 变量，代码如下所示：

代码输入

```
import pandas
data = pandas.read_csv(
    'D:/PDABook/ 第五章 /5.3 分组分析 / 分组分析 .csv',
    engine='python', encoding='utf8'
)
```

执行代码，得到的数据如图 5-10 所示，这是一份用户的基本信息，第一列为用户 id，第二列为注册日期 reg_date，第三列为身份证号码 id_num，第四列为性别 gender，第五列为出生日期 birthday，第六列为年龄 age。

data - DataFrame

Index	id	reg_date	id_num	gender	birthday	age
22	100033	2011/1/2	36010319910809411B	男	1991/8/9	23
23	100034	2011/1/2	31010519891208204I	女	1989/12/8	25
24	100036	2011/1/2	32102319871224002F	女	1987/12/24	27
25	100037	2011/1/2	33038219860901093I	男	1986/9/1	28
26	100039	2011/1/2	22040219881031001I	男	1988/10/31	26
27	100040	2011/1/2	44190019860621277A	男	1986/6/21	28
28	100042	2011/1/2	31023019900925645C	男	1990/9/25	24
29	100043	2011/1/3	35012519950724031D	男	1995/7/24	19
30	100044	2011/1/3	22012219880719461H	男	1988/7/19	26
31	100045	2011/1/3	42112519920925821E	男	1992/9/25	22

Format　Resize　☑ Background color　☑ Column min/max　OK　Cancel

图 5-10　分组分析案例数据

第 5 章　数据分析

如果要统计不同性别用户的平均年龄，那么就可以按照性别 gender 列进行分组，按照年龄 age 列进行统计，统计函数使用均值 mean 函数，代码如下所示：

代码输入
```python
# 按照性别列进行分组，对年龄列进行均值统计
ga = data.groupby(
    by=['gender']
)['age'].agg('mean')
```

执行代码，即可得到一个性别分组平均年龄的统计结果，如图 5-11 所示。

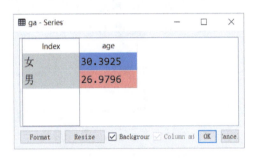

图 5-11　性别分组平均年龄统计结果 1

在这个分组统计的结果中可以发现，分组列性别被用作统计结果表的索引了，如果不希望分组列性别被用作统计结果表的索引，那么设置 as_index 参数为 False 即可，代码如下所示：

代码输入
```python
# 取消分组列索引的设置
ga = data.groupby(
    by=['gender'], as_index=False
)['age'].agg('mean')
```

执行代码，根据性别分组统计平均年龄的结果如图 5-12 所示，可以看到，分组列性别就没有作为统计结果的索引，而是作为新的一列出现在统计结果中。

图 5-12　性别分组平均年龄统计结果 2

157

5.4 结构分析

结构分析法,是在分组的基础上,计算各组成部分所占的比重,进而分析总体的内部构成特征。这个分组主要是指定性分组,定性分组一般看结构,它的重点在于占整体的比重。一般某部分比例越大,说明其重要程度越高,对总体的影响越大。

结构分析法应用广泛,例如性别结构、地区结构等。我们经常把市场比作蛋糕,市场占有率就是一个经典的应用,它是分析企业在行业中竞争状况的重要指标,也是衡量企业运营状况的综合指标。市场占有率越高,表明企业运营状况越好,竞争能力越强,在市场上占据越有利地位;反之,则表明企业运营状态差,竞争能力弱,在市场上处于不利地位。

另外,股权其实也是结构的一种,如果你的股票比例大于 50%,那就拥有绝对的话语权。

通常情况下,结构分析主要使用饼图进行数据展现。如果成分较少,例如只有两个或三个成分时,可以考虑使用圆环图进行展现;如果成分较多,例如 10 个以上,可以考虑使用树状图进行展现,如图 5-13 所示。

图 5-13　结构分析常用的图形

结构分析一般需要对原始数据进行分组求和或计数之后,再求每个分组统计值占整体统计值的比重,从而得到结构分析结果。

下面继续使用分组分析的案例数据,按性别分组,统计不同性别的用户数,代码如下所示:

代码输入
```
import pandas
data = pandas.read_csv(
    'D:/PDABook/第五章/5.4 结构分析/结构分析.csv',
    engine='python', encoding='utf8'
)
# 按照性别列进行分组,按照 id 列进行计数统计
ga = data.groupby(by=['gender'])['id'].agg('count')
```

第 5 章 数据分析

执行代码，即可得到不同性别的用户数，然后对不同性别的用户数进行求和，即可得到总的用户数，将不同性别的用户数除以总的用户数，即可得到不同性别的用户数占比，也就是男女结构比例，代码如下所示：

代码输入	结果输出
# 输出变量 ga ga	gender 女　　4316 男　　54785 Name: id, dtype: int64

# 计算总用户数 	
ga.sum()
	59101

# 计算不同性别用户比例 ga / ga.sum()	gender 女　　0.073028 男　　0.926972 Name: id, dtype: float64

5.5 分布分析

分布分析法，是指根据分析目的，将数据进行等距或不等距的分组，进而研究各组分布规律的一种分析方法。

分布分析法也是在分组的基础上的，这个分组主要是指定量分组，定量分组一般看分布，如图 5-14 所示。分布分析重点在查看数据的分布情况，其横坐标轴是不能改变顺序的，也就是不能按数值的大小进行排序，否则就无法分析研究分布规律。分布分析应用也非常广泛，例如，用户消费分布、用户收入分布、用户年龄分布等。

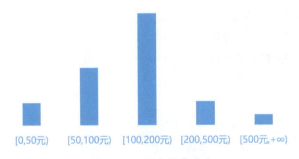

图 5-14　用户消费分布

下面通过一个案例学习分布分析的使用，首先将案例数据导入 data 变量，代码如下所示：

代码输入

```
import pandas
data = pandas.read_csv(
    'D:/PDABook/ 第五章 /5.5 分布分析 / 分布分析 .csv',
    engine='python', encoding='utf8'
)
```

执行代码，即可得到 data 变量，如图 5-15 所示。可以看到，数据的第一列为用户 ID，第二列为注册日期，第三列为身份证号码，第四列为性别，第五列为出生日期，第六列为年龄。

Index	用户ID	注册日期	身份证号码	性别	出生日期	年龄
0	100000	2011/1/1	15010219...	男	1962/11/16	52
1	100001	2011/1/1	45092319...	男	1991/5/27	23
2	100002	2011/1/1	35010319...	男	1984/10/17	30
3	100006	2011/1/1	37110219...	男	1986/8/24	28
4	100010	2011/1/1	53042219...	男	1986/7/14	28
5	100011	2011/1/1	32012519...	男	1987/10/28	27
6	100012	2011/1/1	23030219...	男	1993/8/28	21
7	100013	2011/1/1	42112619...	男	1990/3/1	24
8	100015	2011/1/1	53012119...	男	1981/10/2	33

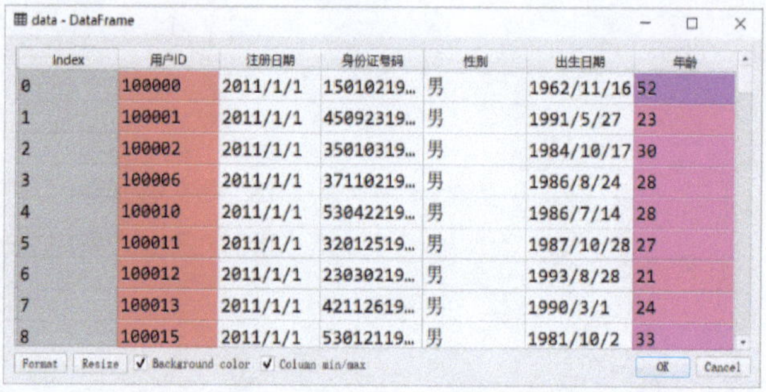

图 5-15 分布分析案例数据

下面对年龄进行分组，使用用户 ID 进行计数统计，来分析不同年龄的用户分布是否有差异，代码如下所示：

代码输入

```
# 对年龄进行分组，统计各年龄用户数
aggResult = data.groupby(
    by=[' 年龄 ']
)[' 用户 ID'].agg('count')
```

执行代码，得到的结果如图 5-16 所示，统计结果总共有 71 行，也就是有多少不同的年龄，统计结果就有多少行。这样划分太细了，分得越细，就越没有重点，也就越难发现问题或规律。

Index	用户ID
3	1
6	1
7	1
10	1
13	3
14	3
15	7
16	19
17	48
18	226

图 5-16 年龄分组计数结果

通常的做法就是把年龄转换为年龄段，再按年龄段进行用户数的分组汇总，这样分布规律就会更加明显，便于我们进行分析。

对于将年龄这种连续型的数据进行分组的方法，在第 4 章“数据处理”中的“数

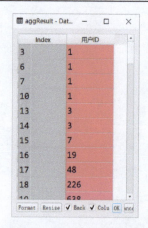

第 5 章　数据分析

据分组"小节已经介绍过，现在就直接使用 cut 函数生成"年龄分层"字段，并在此基础上按照新字段"年龄分层"分组统计用户数，代码如下所示：

代码输入

```python
# 设置年龄分段阈值
bins = [
    0, 20, 30, 40, 100
]
# 设置年龄分段标签
ageLabels = [
    '20 岁以及以下 ', '21 岁到 30 岁 ', '31 岁到 40 岁 ', '41 岁以上 '
]
# 生成年龄分段列
data['年龄分层 '] = pandas.cut(
    data.年龄,
    bins,
    labels=ageLabels
)
# 使用年龄分层作为分组列，统计每个年龄分层用户数
aggResult = data.groupby(
    by=['年龄分层 ']
)['用户 ID'].agg('count')
```

执行代码，得到的统计结果如图 5-17 所示。可以看到，对年龄字段进行区间分段后，再进行分组统计，得到的结果也就更加直观了，通过对比可以发现，年龄段为"21 岁到 30 岁"的用户数最多，其次是"31 岁到 40 岁"年龄段。

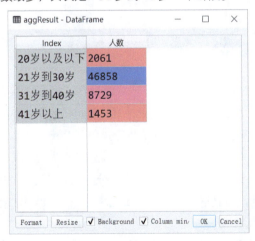

图 5-17　年龄分层分组统计结果

有时候，我们很难直接感受到两个数之间的差距，例如 46858 和 8729，这两个数之间的差距很难直观地感受到。这时可以将其转化为相对值数据，例如统计每个年龄

层的用户数占总用户数的比重，代码如下所示：

代码输入	结果输出
`# 对每个年龄分层的用户数求和` `aggResult.sum()`	59101
`# 计算各年龄分层用户比例` `aggResult / aggResult.sum()`	年龄分层 20 岁以及以下　　0.034873 21 岁到 30 岁　　0.792846 31 岁到 40 岁　　0.147696 41 岁以上　　　　0.024585 Name: 用户 ID, dtype: float64

`pAggResult = round(`
`    aggResult / aggResult.sum(),`
`    4`
`) * 100`
`pAggResult.map('{:,.2f}%'.format)`
	年龄分层
	20 岁以及以下　　3.49%
	21 岁到 30 岁　　79.28%
	31 岁到 40 岁　　14.77%
	41 岁以上　　　　2.46%
	Name: 用户 ID, dtype: object

执行代码，即可得到每个年龄层的用户数占总用户数的比重。可以看到，年龄段为"21 岁到 30 岁"的用户，占比为 79%，而"31 岁到 40 岁"年龄段的用户，占比只有 15%。

5.6　交叉分析

交叉分析法，通常用于分析两个或两个以上分组变量之间的关系，以交叉表的形式，进行变量间关系的对比分析。交叉分析的原理，就是从数据的不同维度，综合进行分组细分，以进一步了解数据的结构、分布特征。

交叉分析的分组变量，可以是定量分组与定量分组进行交叉，也可以是定量分组与定性分组进行交叉，还可以是定性分组与定性分组交叉，只要能发现并解决问题即可。

交叉分析的维度，建议不超过两个，维度越多，分得越细，就越没有重点，也就越难发现问题或规律。

在 Pandas 中，常用 pivot_table 函数进行交叉分析，pivot_table 函数的常用参数如图 5-18 所示。

第 5 章　数据分析

pandas.DataFrame.pivot_table(values, index, columns, aggfunc='mean', fill_value=None)	
参数	说明
values	数据透视表中的值
index	数据透视表中的行
columns	数据透视表中的列
aggfunc	统计函数，默认值为均值函数 mean，例如计数 count，方差 std，求和 sum，最大值 max，最小值 min 等等
fill_value	NA 值的统一替换，默认值为缺失值 None

图 5-18　pivot_table 函数常用参数

完全可以把 pivot_table 函数理解为 Excel 中的数据透视表，pivot_table 函数的参数对应数据透视表的设置如图 5-19 所示。

图 5-19　pivot_table 函数参数对应数据透视表设置

下面来看看交叉分析的例子，使用前面分布分析案例的数据，现需要统计各年龄分层、各性别的用户数，那么就可以将年龄分层作为行，性别作为列，计数函数 count 作为统计函数，对用户 ID 进行计数，代码如下所示：

代码输入

```
import pandas
data = pandas.read_csv(
    'D:/PDABook/第五章/5.6 交叉分析/交叉分析.csv',
    engine='python', encoding='utf8'
)
# 设置年龄分段阈值
bins = [
    0, 20, 30, 40, 100
]
# 设置年龄分段标签
ageLabels = [
    '20 岁以及以下', '21 岁到 30 岁', '31 岁到 40 岁', '41 岁以上'
```

163

```
]
# 生成年龄分层列
data['年龄分层'] = pandas.cut(
    data.年龄,
    bins,
    labels=ageLabels
)
# 进行交叉统计,行为年龄分层,列为性别,对用户ID进行计数统计
ptResult = data.pivot_table(
    values='用户ID',
    index='年龄分层',
    columns='性别',
    aggfunc='count'
)
```

执行代码，得到交叉分析的统计结果，如图 5-20 所示。可以看到，这份统计结果类似 Excel 数据透视表的统计结果。行为年龄分组，列为性别，这里只有一个统计函数 count，所以只有一个计数统计结果。

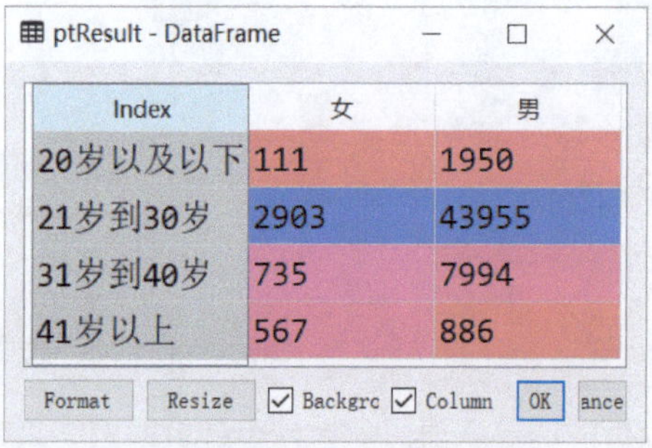

Index	女	男
20岁以及以下	111	1950
21岁到30岁	2903	43955
31岁到40岁	735	7994
41岁以上	567	886

图 5-20 交叉分析的统计结果

在分布分析的案例中，已经得到"21 岁到 30 岁"年龄段的用户数最多这个结论，加入性别作为列进行交叉分析，可以看到，不仅不同年龄段之间用户数相差较大，同一个年龄段不同性别的用户数也相差较大，"21 岁到 30 岁"年龄段中，男性用户数比女性多十几倍。

5.7 RFM 分析

RFM 分析，是根据客户活跃程度和交易金额贡献，进行客户价值细分的一种客户细分方法。RFM 分析，主要由三个指标组成，分别为 R（Recency）近度、F（Frequency）频度、M（Monetary）额度组成，如图 5-21 所示。

第 5 章 数据分析

指标	解释	意义
R（Recency）近度	客户最近一次交易的时间间隔	R 越大，表示客户越久未发生交易 R 越小，表示客户越近有交易发生
F（Frequency）频度	客户在最近一段时间内交易的次数	F 越大，表示客户交易越频繁 F 越小，表示客户不够活跃
M（Monetary）额度	客户在最近一段时间内交易的金额	M 越大，表示客户价值越高 M 越小，表示客户价值越低

图 5-21 RFM 指标意义

R 表示近度（Recency），也就是客户最近一次交易时间到现在的间隔，注意，R 是最近一次交易时间到现在的间隔，而不是最近一次的交易时间，R 越大，表示客户未发生交易时间越长，R 越小，表示客户未发生交易时间越短。

F 表示频度（Frequency），也就是客户在最近一段时间内交易的次数，F 越大，表示客户交易越频繁，F 越小，表示客户越不活跃。

M 表示额度（Monetary），也就是客户在最近一段时间内交易的金额，M 越大，表示客户价值越高，M 越小，表示客户价值越低。

这里有一张经典 RFM 客户细分模型图，如图 5-22 所示，R 分值、F 分值和 M 分值三个指标构成了一个三维立方图，在各自维度上，根据得分值又可以分为高和低两个分类。最终三个指标，每个指标分为高低两类，两两组合，就细分为八大客户群体。

例如 R 分值高、F 分值高、M 分值高的客户为重要价值客户，R、F、M 三个分值都低的客户为潜在客户，其他类型客户以此类推进行解读即可。

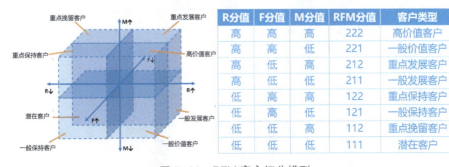

图 5-22 RFM 客户细分模型

使用 RFM 分析，需要满足以下三点假设：

1）假设最近有过交易行为的客户，再次发生交易的可能性要高于最近没有交易行为的客户；

2）假设交易频率较高的客户比交易频率较低的客户，更有可能再次发生交易行为；

3）假设过去所有交易总金额较多的客户，比交易总金额较少的客户，更有消费积极性。

尽管大部分的场景都符合这三个假设条件，但在使用 RFM 分析之前，还是需要结合实际的业务场景，判断是否都符合以上三个假设条件。

RFM 分析步骤如图 5-23 所示。

图 5-23　RFM 分析步骤

在 Python 中，暂时还没有实现 RFM 分析的模块，我们可以按照 RFM 分析的步骤，自行编写代码实现。

STEP 01　数据准备

下面通过一个案例学习 RFM 分析的使用，首先将数据导入 data 变量，代码如下所示：

代码输入

```python
import pandas
data = pandas.read_csv(
    'D:/PDABook/第五章/5.7 RFM分析/RFM分析.csv',
    engine='python'
)
```

执行代码，即可得到 data 数据框，如图 5-24 所示。可以看到，第一列为订单 ID，第二列为客户 ID，第三列为交易时间，第四列为交易金额。这个数据格式，也是 RFM 分析要求的基本数据格式。

Index	OrderID	CustomerID	DealDateTime	Sales
0	4529	34858	2014-05-14	807
1	4532	14597	2014-05-14	160
2	4533	24598	2014-05-14	418
3	4534	14600	2014-05-14	401
4	4535	24798	2014-05-14	234
5	4536	44856	2014-05-14	102
6	4537	34695	2014-05-14	130
7	4559	24764	2014-05-14	377
8	4566	34765	2014-05-15	466

图 5-24　RFM 分析数据格式

第 5 章　数据分析

根据交易日期，计算出交易日期距离指定日期的间隔天数，代码如下所示：

代码输入

```python
# 将交易日期处理为日期数据类型
data['DealDateTime'] = pandas.to_datetime(
    data.DealDateTime,
    format='%Y/%m/%d'
)
# 假设 2015-10-1 是计算当天，求交易日期至计算当天的距离天数
data['Days'] = pandas.to_datetime('2015-10-1') - data['DealDateTime']
# 从时间距离中获取天数
data['Days'] = data['Days'].dt.days
```

执行代码，即可得到交易日期距离指定日期的天数，如图 5-25 所示。

图 5-25　天数计算结果

STEP 02　计算 R、F、M

数据准备好后，接下来就可以计算每个客户的最近消费距离 R、消费频率 F 及消费总额 M，计算方法如下：

★ 最近消费距离 R：使用 CustomerID 作为分组列，距离指定日期间隔天数 Days 作为统计列，统计函数使用最小值函数 min，即可得到每个客户的最近消费距离 R。

★ 消费频率 F：使用 CustomerID 作为分组列，OrderID 作为统计列，统计函数使用计数函数 count。

★ 消费总额 M：使用 CustomerID 作为分组列，订单金额 Sales 作为统计列，统计函数使用求和函数 sum。

代码如下所示：

代码输入

```python
# 统计每个客户距离指定日期有多久没有消费了，即找出最小的最近消费距离
R = data.groupby(
    by=['CustomerID'],
    as_index=False
)['Days'].agg('min')
# 统计每个客户交易的总次数，即对订单ID计数
F = data.groupby(
    by=['CustomerID'],
    as_index=False
)['OrderID'].agg('count')
# 统计每个客户交易的总额，即对每次的交易金额求和
M = data.groupby(
    by=['CustomerID'],
    as_index=False
)['Sales'].agg('sum')
```

执行代码，得到的结果如图 5-26 所示。

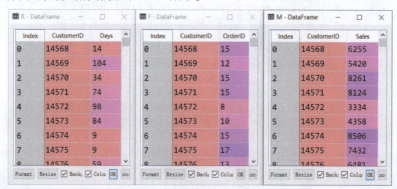

图 5-26　R、F、M 统计量

接下来使用 merge 方法，将 R、F、M 三个数据框关联起来，因为它们拥有共同的列名 CustomerID，并且 CustomerID 就是连接条件，在这种情况下，on 参数可以省略不写，代码如下所示：

代码输入

```python
# 将R、F、M三个数据框关联，merge默认内连接，可省略
RFMData = R.merge(F).merge(M)
# 修改列名
RFMData.columns = ['CustomerID', 'R', 'F', 'M']
```

执行代码，得到的结果如图 5-27 所示。

第 5 章 数据分析

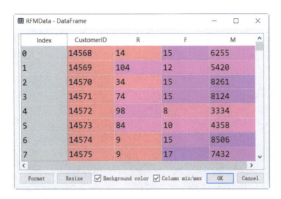

图 5-27 整合后的 R、F、M 统计量

STEP 03 将 R、F、M 分组打分赋值

各个客户的 R、F、M 数据计算好后,接下来就可以对 R、F、M 这三个列进行分组打分赋值得到对应的 R 分值、F 分值、M 分值。分组标准可以按照平均值、业务经验等标准进行划分。如果没有特别的标准,通常采用平均值进行划分。本例将 R、F、M 三列分别按照各自的平均值划分为 2 个组,并赋值 1 分、2 分。

- ★ R 分值(R_S):定义为距离指定日期越近,R_S 越大,R>= 平均值,R_S 为 1,R< 平均值,R_S 为 2。
- ★ F 分值(F_S):定义为交易频率越高,F_S 越大,F<= 平均值,F_S 为 1,F> 平均值,F_S 为 2。
- ★ M 分值(M_S):定义为交易金额越高,M_S 越大,M<= 平均值,M_S 为 1,M> 平均值,M_S 为 2。

在 Python 中,可以使用数据框的 loc 属性将符合条件的数据行进行打分赋值,代码如下所示:

代码输入

```
# 判断 R 列是否大于等于 R 列的平均值,使用 loc 将符合条件 R_S 列的值赋值为 1
RFMData.loc[RFMData['R'] >= RFMData.R.mean(), 'R_S'] = 1
# 判断 R 列是否小于 R 列的平均值,使用 loc 将符合条件 R_S 列的值赋值为 2
RFMData.loc[RFMData['R'] < RFMData.R.mean(), 'R_S'] = 2
# 同 R_S 赋值方法,对 F_S、M_S 进行赋值,但与 R 相反,F、M 均为越大越好
RFMData.loc[RFMData['F'] <= RFMData.F.mean(), 'F_S'] = 1
RFMData.loc[RFMData['F'] > RFMData.F.mean(), 'F_S'] = 2
RFMData.loc[RFMData['M'] <= RFMData.M.mean(), 'M_S'] = 1
RFMData.loc[RFMData['M'] > RFMData.M.mean(), 'M_S'] = 2
```

执行代码,R_S、F_S、M_S 的分组分值就计算出来了,如图 5-28 所示。

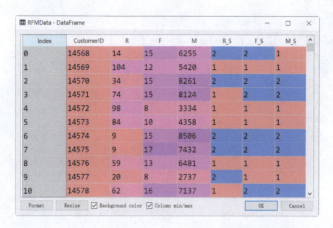

图 5-28　R_S、F_S、M_S 分组分值

STEP 04　计算 RFM 综合分值

得到 R_S、F_S、M_S 的分组分值后，接下来就可以计算 RFM 综合分值。RFM 综合分值计算公式如下所示：

$$RFM = 100 \times R\_S + 10 \times F\_S + 1 \times M\_S$$

为什么设置 R_S 的权重为 100，F_S 的权重为 10，M_S 的权重为 1 呢？这样设置相当分别为百位、十位、个位的组合，以确保 RFM 综合分值顺序与 RFM 客户细分模型的分类顺序一致。

RFM 综合分值计算的代码如下所示：

代码输入

```
# 计算RFM综合分值
RFMData['RFM'] = 100*RFMData.R_S+10*RFMData.F_S+1*RFMData.M_S
```

执行代码，得到的 RFM 综合分值如图 5-29 所示。

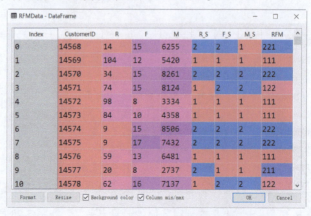

图 5-29　RFM 综合分值

第 5 章 数据分析

STEP 05 客户分类

接下来根据 RFM 客户细分模型，将客户细分为八种不同的类型。本例采用与 RFM 综合分值客户类型的对应关系表匹配合并的方式实现客户分类。

首先将各个 RFM 综合分值与客户类型的对应关系定义为一个数据框。然后再使用 merge 中的内连接 inner 方法，将 RFMData 数据框与刚定义的 RFM 综合分值客户类型的对应关系表，根据关联列名 RFM 匹配合并为一个数据框，这样就完成了客户分类的操作，代码如下所示：

代码输入

```python
# 定义 RFM 综合分值与客户类型的对应关系表
CustomerType = pandas.DataFrame(
    data={
        'RFM': [111,112,121,122,211,212,221,222],
        'Type': ['潜在客户','重点挽留客户','一般保持客户','重点保持客户',
        '一般发展客户','重点发展客户','一般价值客户','高价值客户']
    }
)
# 将 RFMData 与 RFM 综合分值客户类型的对应关系表合并为一个数据框
# merge 默认内连接，可省略，两表 on 条件的关联列名均为 RFM，同样可省略
RFMData = RFMData.merge(CustomerType)
```

执行代码，得到的数据如图 5-30 所示，可以看到，最后一列数据，就是对每个客户细分的客户类型。

Index	CustomerID	R	F	M	R_S	F_S	M_S	RFM	Type
0	14568	14	15	6255	2	2	1	221	一般价值客户
1	14583	24	15	6054	2	2	1	221	一般价值客户
2	14622	25	16	5530	2	2	1	221	一般价值客户
3	14629	7	14	5968	2	2	1	221	一般价值客户
4	14630	18	15	5840	2	2	1	221	一般价值客户
5	14635	12	14	5941	2	2	1	221	一般价值客户
6	14651	28	16	6368	2	2	1	221	一般价值客户
7	14668	37	14	6013	2	2	1	221	一般价值客户
8	14687	15	14	4908	2	2	1	221	一般价值客户
9	14725	16	14	5704	2	2	1	221	一般价值客户
10	14727	8	14	5146	2	2	1	221	一般价值客户

图 5-30 RFM 分析的结果

最后，我们来看看，每个类别的客户数是多少，代码如下所示：

代码输入	结果输出
| ```python
# 按 RFM、Type 进行分组统计客户数
RFMData.groupby(
    by=['RFM','Type']
)['CustomerID'].agg('count')
``` | RFM  Type<br>111  潜在客户     261<br>112  重点挽留客户  58<br>121  一般保持客户  34<br>122  重点保持客户  138<br>211  一般发展客户  257<br>212  重点发展客户  70<br>221  一般价值客户  67<br>222  高价值客户    315<br>Name: CustomerID, dtype: int64 |

执行代码，就可以得到各个客户类型的客户数了。后续就可以对不同的客户群体，有针对性地采取相应运营策略进行推广、管理，进而提升客户价值和营收水平。

5.8 矩阵分析

矩阵分析，是指根据事物的两个重要属性（指标）作为分析的依据进行关联分析，找出解决问题的一种分析方法，也称为矩阵关联分析，简称矩阵分析法。

以属性 A 为横轴，属性 B 为纵轴，组成一个坐标系，在两坐标轴上分别按某一标准（可取平均值、经验值、行业水平等）进行象限划分，构成四个象限，将要分析的每个对象对应投射到这四个象限内，进行交叉分类分析，直观地将两个属性的关联性表现出来，进而分析每一个对象在这两个属性上的表现，如图 5-31 所示，因此它也称为象限图分析法。

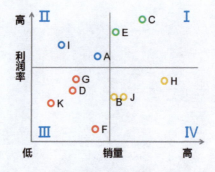

图 5-31 矩阵分析

矩阵关联分析法在解决问题和资源分配时，可为决策者提供重要参考依据。先解决主要矛盾，再解决次要矛盾，有利于提高工作效率，并将资源分配到最能产生绩效的部门、工作中，有利于决策者进行资源优化配置。

下面通过一个案例学习在 Python 中如何进行矩阵分析，将案例数据导入 data 变量，
```

代码如下所示：

代码输入

```
import pandas
data = pandas.read_csv(
    'D:/PDABook/第五章/5.8 矩阵分析/矩阵分析.csv',
    engine='python', encoding='utf8'
)
```

在案例数据中，如图 5-32 所示，第一列为号码，第二列为省份，第三列为手机品牌，第四列为通信品牌，第五列为手机操作系统，第六列为月消费（元），第七列为月流量（MB）。

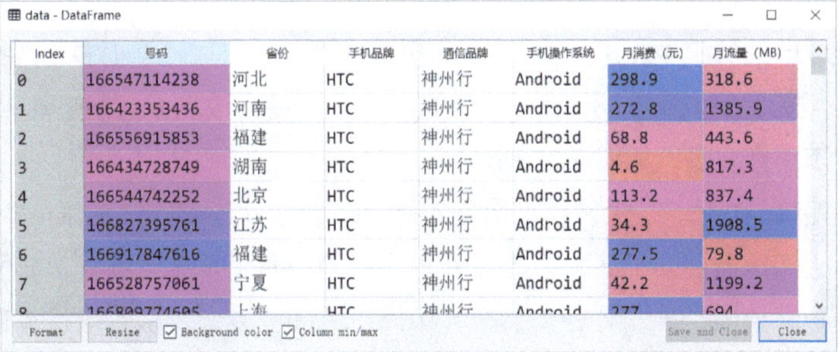

Index	号码	省份	手机品牌	通信品牌	手机操作系统	月消费（元）	月流量（MB）
0	166547114238	河北	HTC	神州行	Android	298.9	318.6
1	166423353436	河南	HTC	神州行	Android	272.8	1385.9
2	166556915853	福建	HTC	神州行	Android	68.8	443.6
3	166434728749	湖南	HTC	神州行	Android	4.6	817.3
4	166544742252	北京	HTC	神州行	Android	113.2	837.4
5	166827395761	江苏	HTC	神州行	Android	34.3	1908.5
6	166917847616	福建	HTC	神州行	Android	277.5	79.8
7	166528757061	宁夏	HTC	神州行	Android	42.2	1199.2

图 5-32　矩阵分析案例数据

现在要从消费、流量两个角度结合进行分析每个省份的用户质量，通常用平均值来代表该对象的水平，所以本例需要统计出各省份的平均月消费、平均月流量两个数据，代码如下所示：

代码输入

```
# 按照省份分组，对月消费进行均值统计
costAgg = data.groupby(
    by='省份', as_index=False
)['月消费（元）'].agg(
    'mean'
)
#按照省份分组，对月流量进行均值统计
dataAgg = data.groupby(
    by='省份', as_index=False
)['月流量（MB）'].agg(
    'mean'
)
# 把两个统计结果合并起来
aggData = costAgg.merge(dataAgg)
```

执行代码，得到的统计结果如图 5-33 所示。

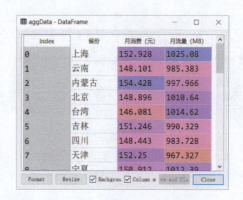

图 5-33　各省分组统计结果

在分组统计的结果中，总共有 34 个省份的数据，直接在数据框中对数据进行比较的话，结果不够清晰直观，对于矩阵分析的结果，一般使用散点图绘制矩阵图进行展示，结果就非常清晰直观了，如图 5-34 所示。

在这个矩阵分析图中，横轴为人均月消费，纵轴为人均月流量。在第一象限的省份，例如江苏、上海等省份，从人均月流量和人均月消费两个角度来看，都处于相对领先的位置；而第三象限的省份，例如山东、山西、新疆等省份，从人均月流量和人均月消费两个角度来看，均处于相对较低的位置。

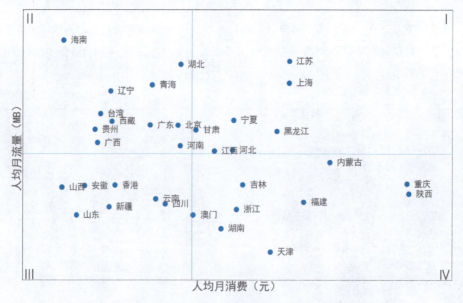

图 5-34　用户质量矩阵分析图

这就是矩阵分析的案例，关于矩阵分析图的绘制方法，将在下一章"数据可视化"中进行介绍。

第 5 章 数据分析

5.9 相关分析

哲学告诉我们，世界是一个普遍联系的有机整体，现象之间客观上存在着某种有机联系，一种现象的发展变化必然受与之相联系的其他现象发展变化的制约与影响。在统计学中，这种依存关系可以分成相关关系和回归函数关系两大类。

1. 相关关系

相关关系是指现象之间存在着非严格的、不确定的依存关系。这种依存关系的特点是：某一现象在数量上发生变化会影响另一现象数量上的变化，而且这种变化在数量上具有一定的随机性。即当给定某一现象以一个数值时，另一现象会有若干个数值与之对应，并且总是遵循一定规律的，围绕这些数值的平均数上下波动，其原因是影响现象发生变化的因素不止一个。例如，影响销售额的因素除了推广费用外，还有产品质量、价格、渠道等因素。

2. 回归函数关系

回归函数关系是指现象之间存在着依存关系。在这种依存关系中，对于某一变量的每一个数值，都有另一变量值与之相对应，并且这种依存关系可用一个数学表达式反映出来。例如，在一定的条件下，身高与体重存在着依存关系。

相关分析是基础统计分析方法之一，它是研究两个或两个以上随机变量之间相互依存关系的方向和密切程度的方法，相关分析的目的是研究变量间的相关关系，它通常与回归分析等高级分析方法一起使用。

相关关系可分为线性相关和非线性相关，线性相关也称为直线相关，非线性从某种意义来讲也就是曲线相关。我们主要学习最经常使用的线性相关。

线性相关，也就是当一个连续变量发生变动时，另一个连续变量相应地呈线性关系变动，线性相关关系主要采用皮尔逊（Pearson）相关系数 r 来度量连续变量之间线性相关强度，它的取值范围限于 [-1,1]。

相关系数 r 的正、负号可以反映相关的方向，当 $r>0$ 时表示线性正相关，当 $r<0$ 时表示线性负相关。r 的大小可以反映相关的程度，$r=0$ 表示两个变量之间不存在线性关系。注意这里仅仅说明两个变量之间不存在线性关系，并不代表变量之间没有任何关系。一般情况下，相关系数的取值与相关程度的对应关系，如图 5-35 所示。

线性相关系数$|r|$取值范围	相关程度
$0 \leq |r| < 0.3$	低度相关
$0.3 \leq |r| < 0.8$	中度相关
$0.8 \leq |r| \leq 1$	高度相关

图 5-35 相关系数与相关程度

在 Pandas 中，使用 corr 函数进行相关系数的计算。corr 函数会计算数据框中每列之间的相关系数，然后使用相关系数矩阵的形式返回结果。如图 5-36 所示。

pandas.DataFrame.corr(method='pearson')	
参数	说明
method	pearson 皮尔森相关系数、kendall 肯达相关系数、spearman 斯皮尔曼相关系数

图 5-36　corr 函数常用参数

计算相关系数的方法一共有三种，分别为 pearson 相关系数、kendall 相关系数及 spearman 相关系数。其中 pearson 相关系数是我们常用的方法，它要求两个随机变量都是符合正态分布的连续变量，通常我们的数据一般会符合正态分布，所以计算相关系数的方法，一般默认为 pearson 相关系数。

下面通过一个案例来学习在 Python 中如何进行相关分析，首先将数据导入 data 变量，代码如下所示：

代码输入

```
import pandas
data = pandas.read_csv(
    'D:/PDABook/第五章/5.9 相关分析/相关分析.csv',
    engine='python', encoding='utf8'
)
```

执行代码，得到的数据如图 5-37 所示。可以看到，这是一份调查数据，第一列为小区 ID，第二列为人口，第三列为平均收入，第四列为文盲率，第五列为超市购物率，第六列为网上购物率，第七列为本科毕业率。

data - DataFrame

Index	小区ID	人口	平均收入	文盲率	超市购物率	网上购物率	本科毕业率
0	1	3615	3624	2.1	15.1	84.9	41.3
1	2	365	6315	1.5	11.3	88.7	66.7
2	3	2212	4530	1.8	7.8	92.2	58.1
3	4	2110	3378	1.9	10.1	89.9	39.9
4	5	21198	5114	1.1	10.3	89.7	62.6
5	6	2541	4884	0.7	6.8	93.2	63.9
6	7	3100	5348	1.1	3.1	96.9	56
7	8	579	4809	0.9	6.2	93.8	54.6
8	9	8277	4815	1.3	10.7	89.3	52.6

Format　Resize　✓ Background color　✓ Column min/max　OK　Cancel

图 5-37　相关分析案例数据

例如需要了解人口和文盲率这两个指标是否存在线性相关关系，那么可以从 data 数据框中，把人口列选择出来，然后调用 corr 函数，把文盲率这一列作为参数传进去，就可以计算人口和文盲率这两个指标的相关系数，代码如下所示：

第 5 章　数据分析

代码输入	结果输出
data['人口'].corr(data['文盲率'])	0.10762237339473261

执行代码，即可得到人口和文盲率这两个指标的相关系数约为 0.1，也就是低度线性相关。

最后，计算超市购物率、网上购物率、文盲率、人口这四个指标之间的线性关系，把要计算相关系数的列，从 data 数据框中选择出来，然后调用 corr 函数，即可计算这四个指标之间的相关系数，代码如下所示：

代码输入
```
# 计算多列的相关系数，可使用两个中括号，即从数据框里面选择多列的数据，
# 形成新的数据框，再调用 corr 函数
corrMatrix = data[[
    '超市购物率','网上购物率','文盲率','人口'
]].corr()
```

执行代码，即可得到各个指标之间的相关系数矩阵，如图 5-38 所示。

可以发现相关系数矩阵是对称的，例如超市购物率和文盲率的值，就在第一行第三列或第三行第一列的位置，都是 0.702975，对角线上的相关系数，都是每个列和自己本身的相关系数，因此都是 1。

图 5-38　相关系数矩阵

5.10　回归分析

5.10.1　回归分析简介

回归最初是遗传学中的一个名词，是由英国生物学家兼统计学家高尔顿 (Galton) 首先提出来的。他在研究人类的身高时，发现高个子回归于人口的平均身高，而矮个子则从另一方向回归于人口的平均身高。

回归分析（Regression Analysis），是研究自变量与因变量之间数量变化关系的一种分析方法，它主要是通过建立因变量 y 与影响它的自变量 x_i（i=1, 2, 3…）之间的回归模型，来预测因变量的发展趋势的一种分析方法。

例如，销售额对推广费用有着依存关系，通过对这一依存关系的分析，在制定下一期推广费用的条件下，可以预测将实现的销售额。

相关分析与回归分析的联系是：均为研究及测度两个或两个以上变量之间关系的方法。在实际工作中，一般先进行相关分析，计算相关系数，然后再进行拟合回归模型，最后用回归模型进行预测。

相关分析与回归分析的区别是：

★ 相关分析研究的都是随机变量，并且不分自变量与因变量，回归分析研究的变量要定出自变量与因变量，并且自变量是确定的普通变量，因变量是随机变量。

★ 相关分析主要描述两个变量之间相关关系的密切程度，回归分析不仅可以揭示变量 x 对变量 y 的影响大小，还可以根据回归模型进行预测。

回归分析模型主要包括线性回归及非线性回归两种。线性回归又分为简单线性回归、多重线性回归，这是我们常用的分析方法。而非线性回归，需要通过对数转化等方式，将其转化为线性回归的形式进行研究，所以我们接下来将重点学习线性回归。

回归分析的步骤可以归纳为五步法，如图 5-39 所示。

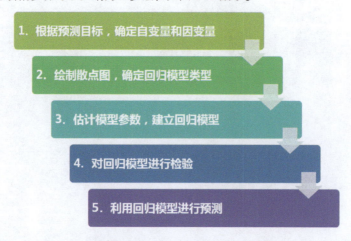

图 5-39　回归分析五步法

1. 根据预测目标，确定自变量和因变量

围绕业务问题，明晰预测目标，从经验、常识、以往历史数据研究等角度为依据，初步确定自变量和因变量。

2. 绘制散点图，确定回归模型类型

通过绘制散点图的方式，从图形化的角度初步判断自变量和因变量之间是否具有线性相关关系，同时进行相关分析，根据相关系数判断自变量与因变量之间的相关程度和方向，从而确定回归模型的类型。

3. 估计模型参数，建立回归模型

采用最小二乘法等进行模型参数的估计，建立回归模型。

4. 对回归模型进行检验

回归模型可能不是一次即可达到预期的，通过对整个模型及各个参数的统计显著性检验，逐步优化和最终确立回归模型。

5. 利用回归模型进行预测

模型通过检验后，应用到新的数据中，根据新的自变量，进行因变量目标值的预测。

5.10.2　简单线性回归分析

简单线性回归也称为一元线性回归，也就是回归模型中只含一个自变量，它主要用来处理一个自变量与一个因变量之间的线性关系，简单线性回归模型为：

$$Y=\alpha+\beta X+e$$

式中：

Y 因变量

X 自变量

α 常数项，是回归直线在纵坐标轴上的截距

β 回归系数，是回归直线的斜率

e 随机误差，即随机因素对因变量所产生的影响

简单线性回归分析在运营管理、市场营销、宏观经济管理等领域都有非常广泛的应用。下面我们就用一个广告费的预算需求作为例子，来学习如何在 Python 中进行简单线性回归分析。

某超市在多次进行广告的投放后，记录了每次投放的广告费用以及带来的销售额，如图 5-40 所示，现在公司管理者希望了解如果投入 20 万元的广告费用，将带来多少销售额。

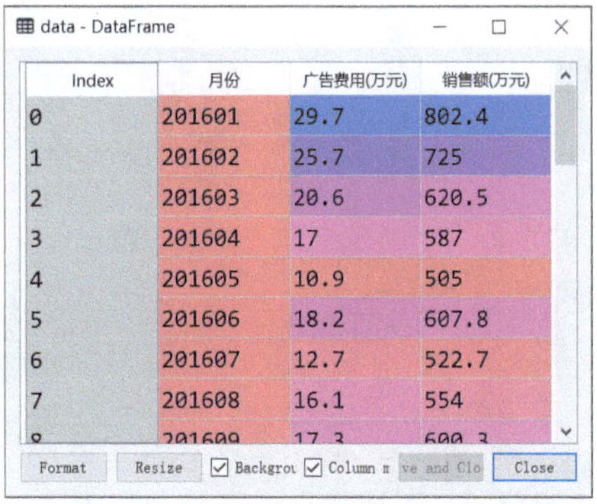

Index	月份	广告费用(万元)	销售额(万元)
0	201601	29.7	802.4
1	201602	25.7	725
2	201603	20.6	620.5
3	201604	17	587
4	201605	10.9	505
5	201606	18.2	607.8
6	201607	12.7	522.7
7	201608	16.1	554
8	201609	17.3	600.3

图 5-40　简单线性回归分析案例数据

下面根据回归分析五步法，一步步来解决这个问题。

STEP 01 根据预测目标，确定自变量和因变量。

根据一般常识或经验，广告费用投入对销售有很大的影响，我们的目标就是预测销售额，所以可以将广告费用作为自变量 x，将销售额作为因变量 y，评估广告对销售额的具体影响，在 Python 中需要先对自变量和因变量进行定义，代码如下所示：

代码输入

```python
import pandas
data = pandas.read_csv(
    'D:/PDABook/第五章/5.10.2 简单线性回归分析/线性回归.csv',
    engine='python', encoding='utf8'
)
# 定义自变量
x = data[['广告费用（万元）']]
# 定义因变量
y = data[['销售额（万元）']]
```

STEP 02 绘制散点图，确定回归模型类型。

通过绘制出自变量 x 和因变量 y 的散点图，计算出两者之间的相关系数，通过散点图和相关系数，确定自变量 x 和因变量 y 之间是否具备线性关系，代码如下所示：

代码输入	结果输出
`# 计算相关系数` `data['广告费用（万元）'].corr(data['销售额（万元）'])`	0.9377748050928367

`# 广告费用    作为 x 轴`
`# 销售额      作为 y 轴，绘制散点图`
`data.plot('广告费用（万元）', '销售额（万元）', kind='scatter')`	

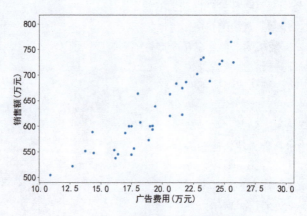

图 5-41 广告费用和销售额散点图

执行代码，可以发现广告费用和销售额之间的相关系数是 0.93，也就是说它们具有强线性相关关系，从散点图中也可以看出，两者有明显的线性关系，也就是广告投入越大，销售额就越高。

在数据分析的过程中，经常需要通过绘图来分析数据，因此 Pandas 在数据框 DataFrame 中提供了 plot 函数。常用图形都可以通过 plot 函数直接绘制出来，它的常用参数，如图 5-42 所示。

pandas.DataFrame.plot(x=None, y=None, kind='line')	
参数	说明
x	用于绘图的x轴的列名
y	用于绘图的y轴的列名
kind	图形，默认为折线图line

图 5-42　plot 函数常用参数

plot 函数可以绘制折线图、柱形图、条形图、饼图、箱线图、散点图等常用图形类型，通过 kind 参数设置要绘制的图形，如图 5-43 所示。

参数	说明
line	折线图
bar	柱形图
barh	条形图
hist	直方图
box	箱线图
pie	饼图
scatter	散点图

图 5-43　plot 函数 kind 参数的绘图类型

STEP 03　估计模型参数，建立线性回归模型。

从散点图中可以看出，两者有明显的线性关系，但是这些数据点不在一条直线上，只能尽量拟合出一条直线来，使得尽可能多的（x_i, y_i）数据点落在或者更加靠近这条拟合出来的直线上，也就是让它们拟合的误差尽量小，最小二乘法就是一个较好的计算方法。

最小二乘法，又称为最小平方法，通过最小化误差的平方和寻找数据的最佳函数匹配。最小二乘法名字的缘由有两个，一是要将误差最小化，二是确保误差最小化的方法是使误差的平方和最小化，其在古汉语中"平方"称为"二乘"，用平方的原因是要规避负数对计算的影响。

最小二乘法，在回归模型上的应用，就是要使得观测点和估计点的距离的平方和达到最小，如图 5-44 所示，这里的"二乘"指的是用平方来度量观测点与估计点的远近，"最小"指的是参数的估计值要保证各个观测点与估计点的距离的平方和达到最小，也就是刚才所说的使得尽可能多的（x_i, y_i）数据点落在或者更加靠近这条拟合出来的直线上。

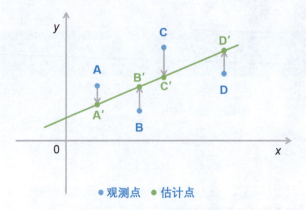

图 5-44　最小二乘法示例

我们只要了解最小二乘法的原理即可，具体计算过程就交给 Python 处理吧。在 Python 中使用 sklearn.linear_model 模块中的 LinearRegression 函数，可以方便地对模型进行拟合建模，然后用 fit 函数进行模型的训练，fit 函数常用参数如图 5-45 所示。

sklearn.linear_model.LinearRegression.fit(X, y)	
参数	说明
X	自变量，又称为特征变量
y	因变量，又称为目标变量

图 5-45　fit 函数常用参数

所以要先导入 sklearn.linear_model 模块中的 LinearRegression 函数，再用 fit 函数进行模型的训练，代码如下所示：

```
# 导入 sklearn.linear_model 模块中的 LinearRegression 函数
from sklearn.linear_model import LinearRegression
# 使用线性回归模型进行建模
lrModel = LinearRegression()
# 使用自变量 x 和因变量 y 训练模型
lrModel.fit(x, y)
```

使用训练得到的模型的"coef_"属性，即可得到模型的参数 β，使用训练得到的模型的"intercept_"属性，即可得到模型的参数 α，需要注意这两个属性后面都带有下画线，不要漏了。

第 5 章　数据分析

代码输入	结果输出
# 查看参数	
lrModel.coef_	array([[17.31989665]])
# 查看截距	
lrModel.intercept_	array([291.90315808])

到这里，就可以得到简单线性回归模型：

$$销售额 = 291.90 + 17.32 \times 广告费用$$

STEP 04　对回归模型进行检验。

精度，就是用来表示点和回归模型的拟合程度的指标，一般使用判定系数 R^2，来度量回归模型拟合精度，也称拟合优度或决定系数，在简单线性回归模型中，它的值等于 y 值和模型计算出来的 $\bar{y}$ 值的相关系数 R 的平方，用于表示拟合得到的模型能解释因变量变化的百分比，R^2 越接近 1，表示回归模型拟合效果越好。

在 Python 中直接调用拟合好的模型的 score 函数，即可得到模型的精度 R^2，它的参数有两个，分别是自变量 x 和因变量 y，如图 5-46 所示。

sklearn.linear_model.LinearRegression.score(X, y)	
参数	说明
X	自变量，又称为特征变量
y	因变量，又称为目标变量

图 5-46　score 函数常用参数

使用 score 函数计算模型精度 R^2，代码如下所示：

代码输入	结果输出
# 计算模型的精度	
lrModel.score(x, y)	0.8794215850669083

执行代码，可以看到，模型的精度 R^2 为 0.88，拟合效果非常不错。

STEP 05　利用回归模型进行预测。

求解出了回归模型 $y=\alpha+\beta x$ 的参数 α 和 β 之后，就可以使用该回归模型，根据新的 x，去预测未知的 y 了。

把 x=20 代入模型的回归模型 y=291.90+17.32*x，即可得到预测结果为 638.30。当然，也可以直接使用 predict 函数进行预测，它的参数就只有 1 个，就是自变量 x，如图 5-47 所示。

图 5-47 predict 函数常用参数

使用 predict 函数，把新的 x 值作为参数传入，即可得到要预测的结果，代码如下所示：

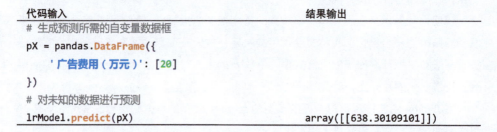

5.10.3 多重线性回归分析

简单线性回归，只考虑单因素影响的预测模型，事实上，影响因变量的因素往往很少只有一个自变量，可能会有多个影响因素，也就是研究一个因变量与多个自变量的线性回归问题，就需要用到多重线性回归分析。

经常有人分不清多重线性回归与多元线性回归，其实很简单，就看因变量或自变量的个数，多重线性回归模型（Mulitiple Linear Regression）是指包含两个或两个以上自变量的线性回归模型，而多元线性回归（Multivariate Linear Regression）是指包含两个或两个以上因变量的线性回归模型。

所以，多重线性回归模型为：

$$y = \alpha + \beta_1 x_1 + \beta_2 x_2 + \ldots + \beta_n x_n + e$$

式中，

y：因变量

x_i：第 i 个自变量

α：常数项，是回归直线在纵坐标轴上的截距

β_i：第 i 个偏回归系数

e：随机误差，即随机因素对因变量所产生的影响

偏回归系数 β_1 指在其他自变量保持不变的情况下，自变量 x_1 每变动一个单位引起的因变量 y 的平均变化，$\beta_2, \ldots, \beta_n$ 依次类推。

建立多重线性回归模型的关键是求出各个偏回归系数 β_i，同样使用最小二乘法估算相应的偏回归系数，具体计算过程同样交给 Python 计算处理吧。

现在来看一个例子，某超市在多次进行广告的投放后，记录了每次投放的广告费用、客流量以及带来的销售额，如图 5-48 所示。研究广告费用、客流量对销售额影响，公司管理者希望了解如果投入广告费用为 20.0 万元，客流量为 5.0 万人次时，可以带来多少销售额？

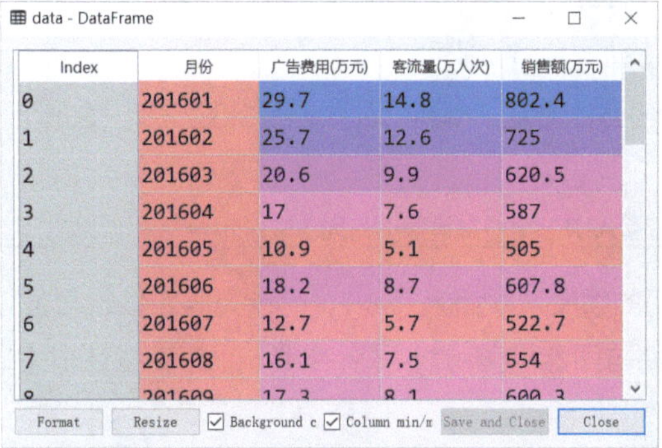

Index	月份	广告费用(万元)	客流量(万人次)	销售额(万元)
0	201601	29.7	14.8	802.4
1	201602	25.7	12.6	725
2	201603	20.6	9.9	620.5
3	201604	17	7.6	587
4	201605	10.9	5.1	505
5	201606	18.2	8.7	607.8
6	201607	12.7	5.7	522.7
7	201608	16.1	7.5	554
8	201609	17.3	8.1	600.3

图 5-48　多重线性回归案例数据

按照回归分析的 5 个步骤依次展开：

STEP 01　根据预测目标，确定自变量和因变量。

简单线性回归中只考虑一个广告费用因素对超市销售额的影响，现再加入另一个因素：客流量。根据一般超市的经营经验，超市每天客流量大小对销售成交有极大的影响，超市客流量越大，成交的可能性也相应增大，因此初步判断超市客流也是影响总体销售额的一个因素，将客流量影响因素纳入模型，这样能更全面地衡量销售额影响因素，使预测销售额更加准确。

所以可以将“广告费用”、“客流量”这两个变量作为自变量 x，将“销售额”作为因变量 y，建立多重线性回归模型，在 Python 中需要先对自变量和因变量进行定义，代码如下所示：

代码输入

```
import pandas
data = pandas.read_csv(
    'D:/PDABook/第五章/5.10.3 多重线性回归分析/线性回归.csv',
    engine='python', encoding='utf8'
)
# 定义自变量
x = data[['广告费用(万元)', '客流量(万人次)']]
# 定义因变量
y = data[['销售额(万元)']]
```

谁说菜鸟不会数据分析（Python篇）

STEP 02 绘制散点图，确定回归模型类型。

分别计算广告费用和销售额，客流量和销售额的相关系数，并绘制散点图，代码如下所示：

代码输入	结果输出
# 计算相关系数	
data['广告费用（万元）'].corr(data['销售额（万元）'])	0.9377748050928367
data['客流量（万人次）'].corr(data['销售额（万元）'])	0.9213105695705346
# 广告费用　作为 x 轴	
# 销售额　作为 y 轴，绘制散点图	
data.plot('广告费用（万元）', '销售额（万元）', kind='scatter')	
# 客流量　作为 x 轴	
# 销售额　作为 y 轴，绘制散点图	
data.plot('客流量（万人次）', '销售额（万元）', kind='scatter')	

可以看到，它们的相关系数都大于 0.9，也就是强正线性相关，通过查看它们之间的散点图（如图 5-49 与图 5-50 所示）可以看到，也存在线性相关的关系。

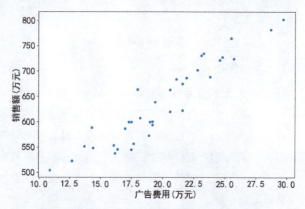

图 5-49　广告费用与销售额散点图

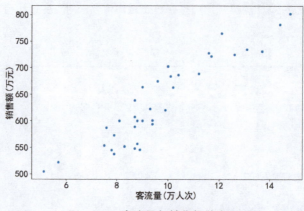

图 5-50　客流量与销售额散点图

第 5 章 数据分析

STEP 03 估计模型参数，建立线性回归模型。

和简单线性回归一样，使用最小二乘法，即可求解出多重线性回归模型的参数，同样可以使用 sklearn.linear_model 模块中的 LinearRegression 函数进行多重线性回归模型求解，代码如下所示：

代码输入

```python
# 导入 sklearn.linear_model 模块中的 LinearRegression 函数
from sklearn.linear_model import LinearRegression
# 使用线性回归模型进行建模
lrModel = LinearRegression()
# 使用自变量 x 和因变量 y 训练模型
lrModel.fit(x, y)
```

使用训练得到的模型的 coef_ 属性，即可得到模型的参数 β，使用训练得到的模型的 intercept_ 属性，即可得到模型的参数 α，代码如下所示：

代码输入	结果输出
# 查看参数	
lrModel.coef_	array([[10.80453641, 13.97256004]])
# 查看截距	
lrModel.intercept_	array([285.60371828])

到这里，就可以得到多重线性回归模型：

$$销售额 = 285.60 + 10.80 \times 广告费用 + 13.97 \times 客流量$$

STEP 04 对回归模型进行检验。

直接使用 score 函数对训练得到的模型进行模型的精度计算，代码如下所示：

代码输入	结果输出
# 计算模型的精度	
lrModel.score(x, y)	0.9026563046475116

执行代码，可以看到，模型的精度 R^2 为 0.90，拟合效果非常不错。

STEP 05 利用回归模型进行预测。

求解出模型的参数之后，想要知道广告费用为 20.0 万元，客流量为 5.0 万人次时，可以带来多少销售额，直接使用 predict 函数，把自变量作为参数传入，代码如下所示：

代码输入	结果输出

`pX = pandas.DataFrame({`
`    '广告费用（万元）': [20],`
`    '客流量（万人次）': [5]`
`})`
`pX`
	广告费用（万元）　客流量（万）
	0　　　20　　　　　5

续表

代码输入	结果输出

# 对未知的数据进行预测 	
lrModel.predict(pX)
	array([[571.55724658]])

执行代码,可以看到,当投入广告费用为 20.0 万元,客流量为 5.0 万人次时,预测将带来 571.56 万元的销售额。

第 6 章
数据可视化

当完成数据处理与数据分析工作，得到一堆数据分析结果之后，接下来就要思考如何让报告阅读者、听众比较容易地理解所要表达的观点或信息，这就需要使用数据可视化的方式，将数据分析结果清晰地呈现出来。

6.1 数据可视化简介

6.1.1 什么是数据可视化

数据可视化（Data Visualization），也称为数据展现，它用于研究如何利用图形，展现数据中隐含的信息，发掘数据中所包含的规律。也就是利用人对形状、颜色的感官敏感，有效地传递信息，帮助用户从数据中发现关系、规律、趋势。

数据可视化非常有趣，它通过技术的手段，将枯燥的数据变得生动可爱。数据可视化的主要目的是借助图形化手段，更高效和清晰有效地传达与沟通数据背后的信息。

在日常生活和工作中，数据可视化的应用越来越广泛。无论是在电视、报刊杂志等传统媒体，还是在日益发达的网络媒体，越来越多的数据结果被图形化，使人们更容易理解数据背后的信息。

数据可视化为我们提供了一条清晰有效地传达与沟通信息的渠道，数据可视化的主要作用分别是表达形象化、重点突出化和体现专业性。

1. 表达形象化

使用图表可以化冗长为简洁，化抽象为具体，化深奥为形象，使受众更容易理解主题和观点。

2. 重点突出化

通过对图表中数据的颜色和字体等信息的特别设置，可以把问题的重点有效地传递给受众。

3. 体现专业性

恰当、得体的图表体现出制图者专业、敬业、值得信赖的职业形象。专业的图表会极大地提升个人的职场竞争力，为个人发展加分，为成功创造机会。

6.1.2 数据可视化常用图表

日常工作中经常用到的图表主要有饼图、条形图、柱形图、折线图、散点图等，最后不要忘了，还有一个最普通的——表格，我们常说的图表就是图形＋表格，如图6-1

第 6 章 数据可视化

所示。还有一些相对高级、复杂的图表，例如旋风图、漏斗图、矩阵图，都是由饼图、柱形图、条形图、折线图、散点图等基础图表衍生而来的。

图 6-1 常用的图表类型

在使用图表的过程中，要记得简单原则。因为简单的往往是最有效的，简单的图表往往更能有效、形象、快速地传递信息。

6.1.3 通过关系选择图表

日常工作中常用的数据间关系，可以归纳为六种类型：成分、分布、排序、趋势、相关、多重数据比较，如图 6-2 所示。

图表作用	图表类型					
	饼图	柱形图	条形图	折线图	气泡图	其他
成分 (整体的一部分)						
分布 (数据频次分布)						
排序 (数据间比较)						
趋势 (时间序列)						
相关 (数据间关系)						
多重数据比较						

图 6-2 通过数据关系选择图表

1. 成分

成分也叫作构成，用于表示部分与总体之间的关系。成分关系一般情况下用饼图表示。如果数据中的类别较少，例如只有男女两个类别，可以考虑使用圆环图进行展现，如果数据中的类别较多，例如 10 个以上，可以考虑使用树状图进行展现。

2. 排序

排序，顾名思义就是对需要比较的项目的数值大小进行排序，也就是可以按数值从大到小降序排列，或者从小到大升序排列。排序可用于不同项目、类别间数据的比较。排序关系常用柱形图、条形图进行展现。

3. 时间序列

时间序列用于表示某事物按一定的时间顺序发展的走势、趋势。需要注意的是，时间序列的数据，不能按照指标大小进行排序，横轴必须按照时间前后顺序进行排序。时间序列数据如果只有一个数据系列，可以使用折线图进行展现，也可以使用柱形图进行展现，时间序列数据如果有两个或两个以上数据系列，首选使用折线图进行展现。

4. 频率分布

频率分布和排序一样，都用于表示各项目、类别间的比较。只是频率分布的横轴，一般表示的是数值型数据的分组，例如年龄的分组。频率分布和时间序列一样，不能按照指标大小进行排序，只能按照横轴分组数值从小到大依次排列，例如年龄分组可以按照顺序分为婴幼儿、少年、青年、中年、老年进行排列，否则就无法清晰直观地了解数据的分布规律。用于展现频率分布的图表主要有柱形图、条形图、折线图。

5. 相关性

相关性用于衡量两大类中各项目间的关系，即观察其中一类的项目大小是否随着另一类项目大小有规律地变化。相关性数据常用散点图进行展现，当然也可以使用分组柱形图、旋风图、气泡图等图形进行展现。

6. 多重数据比较

多重数据比较就是对数据维度多于两个的数据进行分析比较。多重数据比较，一般使用雷达图进行展现。

6.2 散点图

散点图，又称散点分布图，它是以一个变量为横坐标，另一变量为纵坐标，利用散点（坐标点）在直角坐标系平面上的分布形态反映变量关系的一种图形，如图 6-3 所示。

第6章 数据可视化

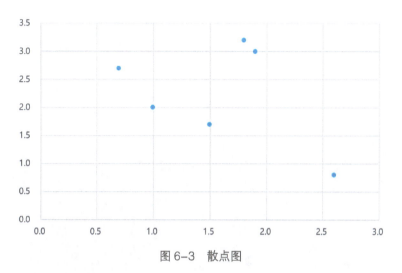

图 6-3　散点图

散点图的特点是能通过清晰、直观的图形方式反映变量间关系的变化形态，以便决定用何种数学表达方式来模拟变量之间的关系，所以进行相关分析、回归分析等多变量分析时，就是通过绘制散点图进行变量间关系的研究。

在 Python 中，使用 matplotlib.pyplot 模块中的 scatter 函数，进行散点图的绘制，scatter 函数的常用参数，如图 6-4 所示。

matplotlib.pyplot.scatter(x, y, s=None, c=None, marker=None)	
参数	说明
x	x 轴对应的值
y	y 轴对应的值
s	点的大小 size
c	点的颜色 color
marker	点的样式，默认值为 o，实心点

图 6-4　scatter 函数常用参数

下面通过一个案例来学习如何在 Python 中绘制散点图。首先将数据导入 data 变量，代码如下所示：

代码输入

```python
import pandas
data = pandas.read_csv(
    'D:/PDABook/第六章/6.2 散点图/散点图.csv',
    engine='python', encoding='utf8'
)
```

执行代码，得到的数据如图 6-5 所示，这是一份销售数据，第一列为日期，第二列为购买用户数，第三列为广告费用，第四列为促销，第五列为渠道数。

Index	日期	购买用户数	广告费用	促销	渠道数
0	2014/1/1	2496	9.14	否	6
1	2014/1/2	2513	9.47	否	8
2	2014/1/3	2228	6.31	是	4
3	2014/1/4	2336	6.41	否	2
4	2014/1/5	2508	9.05	是	5
5	2014/1/6	2763	11.4	否	7
6	2014/1/7	2453	7.78	否	4
7	2014/1/8	2449	8.44	否	4
8	2014/1/9	2358	7.39	否	5
9	2014/1/10	2419	8.17	是	6
10	2014/1/11	2635	9.77	是	4

图 6-5　促销数据示例

如果要研究广告费用和购买用户数之间的关系，可以通过散点图，使用广告费用作为 x 轴对应的值，购买用户数作为 y 轴对应的值，绘制散点图。通过观察散点图上点的分布，如果散点图上的点形成一条直线，就可以确定购买用户数与广告费用之间存在线性关系；如果散点图上的点是不规则的分布，那么说明购买用户数与广告费用之间不存在线性关系。

为确保散点图中的中文能正常显示，需要使用 matplotlib 模块中的 FontProperties 函数进行中文字体设置，代码如下所示：

代码输入

```python
# 引入 matplotlib 模块
import matplotlib
# 引入 matplotlib 模块下的 pyplot 模块，
# 因为 matplotlib.pyplot 名字太长，一般使用 as 关键字重命名为 plt
import matplotlib.pyplot as plt
# 使用 scatter 绘制散点图
plt.scatter(data['广告费用'], data['购买用户数'])
```

执行代码，得到的散点图如图 6-6 所示，如果只是分析人员用于观察数据分布及关系，那么这张散点图绘制到这个程度就够了。如果需要将其用于报告展现的图表，显然是不够的，x、y 轴的标签还未添加，形状、点的大小和颜色，都是默认的样式。

第 6 章 数据可视化

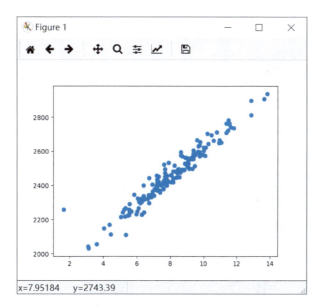

图 6-6 散点图 1

我们可以对图形进一步调整美化，首先是颜色设置。

1. 颜色设置

在 Python 中，通过使用 RGB 值来设置颜色。RGB 色彩模式是一种行业颜色标准，它通过对红 (R)、绿 (G)、蓝 (B) 三个颜色通道的变化，以及它们相互之间的叠加来得到各种颜色。RGB 即是代表红、绿、蓝三个通道，这个标准包括了人类视力所能感知的所有颜色，是目前运用最广的颜色系统之一。

在 Python 中，RGB 值的范围是 [0, 1]，即使设置了相同的 RGB 值，还可以通过指定不同的透明度，来改变颜色的深浅，从而达到修改颜色的目的。

RGB 的设置方式，如图 6-7 所示。

(red, green, blue, alpha)	
参数	说明
red	颜色对应的红色分值，取值范围：[0, 1]
green	颜色对应的绿色分值，取值范围：[0, 1]
blue	颜色对应的蓝色分值，取值范围：[0, 1]
alpha	透明度，取值范围：[0, 1]，0为全透明，1为全不透明

图 6-7 RGB 颜色表示方式

常用颜色的 RGB 值对应表，如图 6-8 所示。

195

颜色	英文	RGB	十六进制
白色	white	(1, 1, 1)	#FFFFFF
黑色	black	(0, 0, 0)	#000000
红色	red	(1, 0, 0)	#FF0000
橙色	orange	(1, 0.5, 0)	#FFA500
黄色	yellow	(1, 1, 0)	#FFFF00
绿色	green	(0, 1, 0)	#00FF00
蓝色	blue	(0, 0, 1)	#0000FF
靛色	indigo	(0.3, 0, 0.5)	#4B0082
紫色	purple	(0.63, 0.13, 0.95)	#A020F0

图 6-8　常用颜色的 RGB 值对应表

如果看到喜欢的颜色，可以使用取色器获取 RGB 值，例如使用 PPT 的取色器或者聊天工具截图取色功能获取颜色的 RGB 值，如图 6-9 所示。

图 6-9　聊天工具截图取色示例

可以看到，通过取色器获取到的 RGB 值，都是 [0, 255] 范围的 RGB 值，为了在 Python 中使用这个颜色，还需要将它转换为 [0, 1] 范围内的值。转换方法就是直接把 [0, 255] 范围的 RGB 值除以 255，即可得到 [0, 1] 范围的 RGB 值。

代码输入

```python
# 配置主题颜色并赋值给 mainColor 变量，注意 RGB 颜色范围在 [0, 1] 之内
mainColor = (91 / 255, 155 / 255, 213 / 255, 1)
# 使用横轴、纵轴以及颜色绘制散点图
plt.scatter(
    data['广告费用'],
    data['购买用户数'],
    c=mainColor
)
```

执行代码,可以看到,散点图中点的颜色更改为指定的颜色了,如图 6-10 所示。

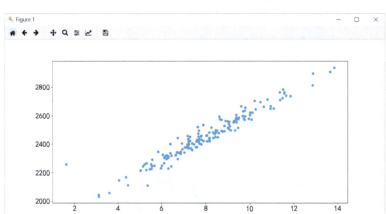

图 6-10 散点图 2

2. 坐标轴设置

可以通过 xlabel 函数和 ylabel 函数来设置 x 轴的标签和 y 轴的标签,它们的常用参数,如图 6-11 和图 6-12 所示。

matplotlib.pyplot.xlabel(xlabel, color=None, fontproperties=None)	
参数	说明
xlabel	需要设置的标签
color	标签对应的颜色
fontproperties	字体属性,用于设置中文字体,解决无法显示中文问题

图 6-11 xlabel 函数常用参数

matplotlib.pyplot.ylabel(ylabel, color=None, fontproperties=None)	
参数	说明
ylabel	需要设置的标签
color	标签对应的颜色
fontproperties	字体属性,用于设置中文字体,解决无法显示中文问题

图 6-12 ylabel 函数常用参数

xlabel、ylabel 函数默认使用英文字体绘图,如果需要使用中文,那么需要通过设置 fontproperties 参数,指定中文字体的路径来显示中文字体,否则,得到的图形将无法显示中文,如图 6-13 所示。

代码输入

```python
# 设置坐标轴标签以及颜色
plt.xlabel(' 广告费用 ', color=mainColor)
plt.ylabel(' 购买用户数 ', color=mainColor)
```

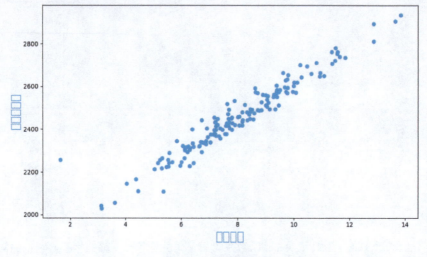

图 6-13　散点图 3

可以通过 FontProperties 函数生成字体属性，它的常用参数如图 6-14 所示。

matplotlib.font_manager.FontProperties(size=None, fname=None)	
参数	说明
fname	字体文件路径
size	字体文字大小

图 6-14　FontProperties 函数常用参数

代码输入

```python
# 通过字体路径和文字大小，生成字体属性，赋值给 font 变量
font = matplotlib.font_manager.FontProperties(
    fname='D:/PDABook/SourceHanSansCN-Light.otf', size=30
)
# 设置坐标轴标签以及颜色和字体
plt.xlabel(
    ' 广告费用 ',
    color=mainColor,
    fontproperties=font
)
plt.ylabel(
```

第 6 章　数据可视化

```
'购买用户数',
color=mainColor,
fontproperties=font
)
```

执行代码，得到的图形如图 6-15 所示。

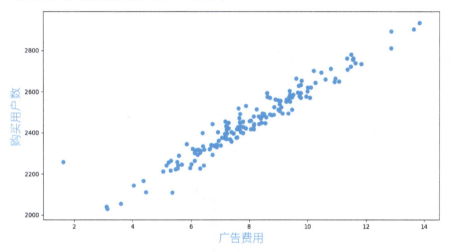

图 6-15　散点图 4

到这里可以看到，x 轴和 y 轴的刻度值的样式还是黑色字体，并且大小和 x 轴与 y 轴的标签大小不一致，我们可以通过 xticks 函数和 yticks 函数来设置 x 轴和 y 轴的刻度属性，它们的常用参数如图 6-16 和图 6-17 所示。

matplotlib.pyplot.xticks(ticks=None, color=None, fontproperties=None)	
参数	说明
ticks	要设置的刻度，一般不需要自己设置，使用默认刻度即可
color	标签对应的颜色
fontproperties	字体属性，用于设置中文字体，解决无法显示中文问题

图 6-16　xticks 函数常用参数

matplotlib.pyplot.yticks(ticks=None, color=None, fontproperties=None)	
参数	说明
ticks	要设置的刻度，一般不需要自己设置，使用默认刻度即可
color	标签对应的颜色
fontproperties	字体属性，用于设置中文字体，解决无法显示中文问题

图 6-17　yticks 函数常用参数

代码输入

```python
# 设置坐标轴的刻度样式，改变颜色和字体
plt.xticks(
    color=mainColor,
    fontproperties=font
)
plt.yticks(
    color=mainColor,
    fontproperties=font
)
```

执行代码，得到修改刻度值后的图形，如图 6-18 所示。

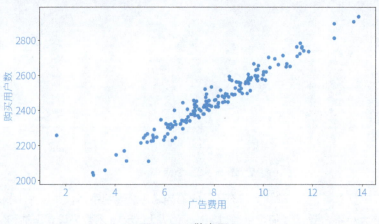

图 6-18　散点图 5

3. 散点样式设置

调整散点图中点的样式，可以根据分类字段设置点的样式，本例根据促销列，即是否促销，把点的样式设置为 x 和 • 两种，并用不同颜色区分呈现，通过 scatter 函数中的 c、marker 参数分别进行设置即可，在绘制新的图形之前，一般可以使用 figure 函数新建一个绘图窗口，代码如下所示：

代码输入

```python
# 打开一个新的绘图窗口
plt.figure()
# 粉色，作为促销的点的颜色
pinkColor = (255 / 255, 0 / 255, 102 / 255, 1)
# 蓝色，作为不促销的点的颜色
blueColor = (91 / 255, 155 / 255, 213 / 255, 1)
# 使用条件抽取的方法，把促销为是的数据先过滤出来，把广告费用作为 x 轴，
# 把购买用户数作为 y 轴绘制散点图，使用 o 标记绘制促销的点
plt.scatter(
    data[data['促销'] == '是']['广告费用'],
```

第 6 章 数据可视化

```python
    data[data['促销'] == '是']['购买用户数'],
    c=pinkColor, marker='o'
)
# 使用 x 标记绘制不促销的点
plt.scatter(
    data[data['促销'] == '否']['广告费用'],
    data[data['促销'] == '否']['购买用户数'],
    c=blueColor, marker='x'
)
# 设置坐标轴标签以及颜色和字体
plt.xlabel('广告费用', color=mainColor, fontproperties=font)
plt.ylabel('购买用户数', color=mainColor, fontproperties=font)
# 设置坐标轴的刻度样式，改变颜色和字体
plt.xticks(color=mainColor, fontproperties=font)
plt.yticks(color=mainColor, fontproperties=font)
```

执行代码，得到的图形如图 6-19 所示，可以看到，促销的数据点使用粉色的•进行标注，非促销的数据点都使用蓝色的 x 进行标注。

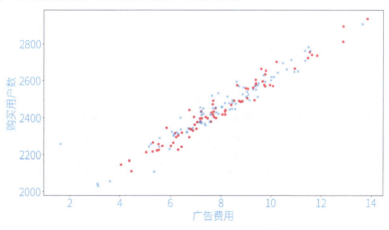

图 6-19　散点图 6

刚绘制的散点图中没有图例，这样看图者就不清楚•和 x 的数据点分别代表什么，在 matplotlib.pyplot 模块中可以使用 legend 函数给图形增加图例，它的常用参数如图 6-20 所示。

matplotlib.pyplot.legend(labels=None, prop=None)	
参数	说明
labels	图例的标签，使用列表来设置
prop	字体属性，用于设置中文字体，解决无法显示中文问题

图 6-20　legend 函数常用参数

代码输入

```
# 为图形增加图例
legend = plt.legend(labels=['促销', '不促销'], prop=font)
```

执行代码，得到的图形如图 6-21 所示，散点图已经添加了图例。

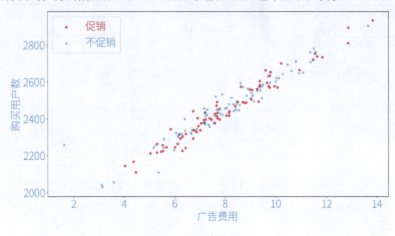

图 6-21　散点图 7

最后，给散点图增加一个展示的指标，例如使用渠道数这个指标，来绘制数据点的大小，这相当于绘制出气泡图的效果。

在 scatter 函数中，可以通过设置 s 参数，来改变数据点的大小，如果绘制出来的数据点太小，可以通过将指标值放大相等的倍数来实现。例如本例按指标渠道数 80 倍来改变绘制数据点的大小，代码如下所示：

代码输入

```
plt.figure()
# 通过 s 参数，设置点的大小，直接使用渠道数，因值太小会导致点太小，
# 因此需要等比例放大 80 倍，方便查看
plt.scatter(
    data[data['促销'] == '是']['广告费用'],
    data[data['促销'] == '是']['购买用户数'],
    c=pinkColor, marker='o',
    s=data[data['促销'] == '是']['渠道数'] * 80
)
plt.scatter(
    data[data['促销'] == '否']['广告费用'],
    data[data['促销'] == '否']['购买用户数'],
    c=blueColor, marker='x',
    s=data[data['促销'] == '否']['渠道数'] * 80
)
# 设置坐标轴标签以及颜色和字体
```

```
plt.xlabel(' 广告费用 ', color=mainColor, fontproperties=font)
plt.ylabel(' 购买用户数 ', color=mainColor, fontproperties=font)

# 设置坐标轴的刻度样式，改变颜色和字体
plt.xticks(color=mainColor, fontproperties=font)
plt.yticks(color=mainColor, fontproperties=font)

# 为图形增加图例
legend = plt.legend(labels=[' 促销 ', ' 不促销 '], prop=font)
```

执行代码，得到的图形如图 6-22 所示，可以看到，不同渠道数的数据点呈现出不同大小的形状。

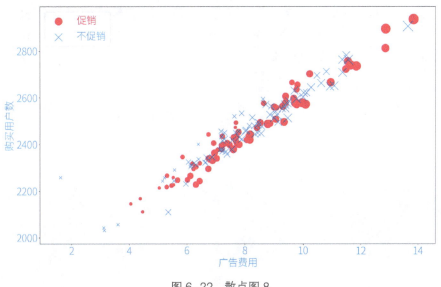

图 6-22 散点图 8

6.3 矩阵图

矩阵图，也称为四象限图，它是一种用来展示研究两个或者两个以上指标之间关系的图表。它是在散点图的基础上，根据一定的业务经验或平均水平将散点图划分为四个象限，通过对两两指标的高、低排列组合，得到四类不同性质的对象：双高、双低、高低、低高，如图 6-23 所示。

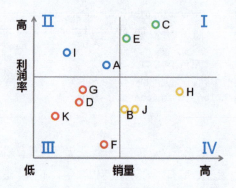

图 6-23 矩阵图示例

在矩阵分析的章节中,就使用了矩阵图进行矩阵分析,得到用户质量矩阵分析图,如图 6-24 所示。下面看一看,如何在矩阵分析中各省份的平均月消费、平均月流量统计结果的基础上,绘制这个矩阵图。

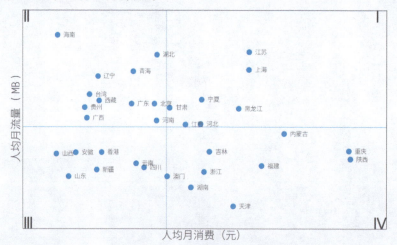

图 6-24 用户质量矩阵分析图

STEP 01 定义字体和颜色。

对绘制散点图需要使用的字体和颜色进行定义,以便后续散点绘制、坐标轴设置等调用,代码如下所示:

代码输入

```
# 引入 matplotlib 模块和绘图方法
import matplotlib
import matplotlib.pyplot as plt

# 通过字体路径和文字大小,生成字体属性,赋值给 font 变量,用于点的标签
font = matplotlib.font_manager.FontProperties(
```

第 6 章 数据可视化

```python
    fname='D:/PDABook/SourceHanSansCN-Light.otf', size=20
)
# 生成字体属性，赋值给 labelFont 变量，用于坐标轴的标签
labelFont = matplotlib.font_manager.FontProperties(
    fname='D:/PDABook/SourceHanSansCN-Light.otf', size=35
)

# 蓝色，作为点的颜色
mainColor = (91 / 255, 155 / 255, 213 / 255, 1)
# 灰色，作为文本的颜色
fontColor = (110 / 255, 110 / 255, 110 / 255, 1)
```

STEP 02 设置坐标轴样式。

为了让数据显示得更加紧凑，不让图形的周围留下太多的空白地方，所以需要计算 x 轴和 y 轴的范围。如果将范围定为最小值和最大值之间，那么最小值和最大值的这两个点，就会非常靠近图形的边缘，展示效果就会不美观。所以需要留约 1% 的空白边缘，也就是范围是 [最小值 *(1-1%)，最大值 *(1+1%)]。

在 matplotlib.pyplot 模块中，使用 xlim 函数和 ylim 函数设置 x 轴、y 轴刻度的范围，它们的常用参数，如图 6-25 和图 6-26 所示。

matplotlib.pyplot.xlim(left=None, right=None)	
参数	说明
left	x 轴刻度的最小值
right	x 轴刻度的最大值

图 6-25　xlim 函数常用参数

matplotlib.pyplot.ylim(bottom=None, top=None)	
参数	说明
bottom	y 轴刻度的最小值
top	y 轴刻度的最大值

图 6-26　ylim 函数常用参数

矩阵图不需要坐标轴的刻度值，因此，直接调用 xticks 和 yticks 函数，就可以把所有的刻度值去掉，代码如下所示：

代码输入

```python
# 新建一个绘图窗口
fig = plt.figure()
```

```python
# 计算 x 轴和 y 轴的范围，如果把范围定为最小值和最大值之间，
# 那么最小值和最大值的这两个点，就会非常靠近图形的边缘，不好看
# 所以需要留 1% 的空白边缘，即范围是 [ 最小值*(1-1%)，最大值*(1+1%)]
# 把空白边缘设置为变量，方便后面调整这个值
gap = 0.01
# 计算 x 轴的范围值
xMin = aggData['月消费（元）'].min() * (1 - gap)
xMax = aggData['月消费（元）'].max() * (1 + gap)
# 计算 y 轴的范围值
yMin = aggData['月流量（MB）'].min() * (1 - gap)
yMax = aggData['月流量（MB）'].max() * (1 + gap)

# 设置 x 轴和 y 轴的坐标轴的范围
plt.xlim(xMin, xMax)
plt.ylim(yMin, yMax)

# 设置 x 轴和 y 轴的坐标轴的刻度，本例将所有的刻度去掉
plt.xticks([])
plt.yticks([])
```

STEP 03 绘制散点图。

使用 scatter 函数绘制散点图，把月消费作为 x 轴，把月流量作为 y 轴，设置点的大小、样式、颜色，设置坐标轴标签，代码如下所示：

代码输入

```python
# 绘制散点
plt.scatter(
    aggData['月消费（元）'],
    aggData['月流量（MB）'],
    s=300, marker='o', color=mainColor
)

# 设置坐标轴的标签
plt.xlabel(
    '人均月消费（元）',
    color=fontColor,
    fontproperties=labelFont
)
plt.ylabel(
    '人均月流量（MB）',
    color=fontColor,
    fontproperties=labelFont
)
```

执行代码，得到的图形如图 6-27 所示。

第 6 章 数据可视化

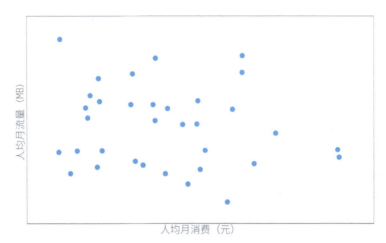

图 6-27 用户质量矩阵分析图 1

STEP 04 绘制分界线。

绘制中间两条十字分界线,需要确定具体的位置,本例采用月消费、月流量全国平均值来定位分界线的位置,在 matplotlib.pyplot 模块中,使用 vlines 函数绘制竖线,使用 hlines 函数绘制横线,它们的常用参数如图 6-28 和图 6-29 所示。

matplotlib.pyplot.vlines(x, ymin, ymax, linewidth=None, color=None)	
参数	说明
x	竖线对应的 x 轴的位置
ymin	竖线对应的 y 轴的开始位置
ymax	竖线对应的 y 轴的结束位置
linewidth	线的宽度
color	线的颜色

图 6-28 vlines 函数常用参数

matplotlib.pyplot.hlines(y, xmin, xmax, linewidth=None, color=None)	
参数	说明
y	横线对应的 y 轴的位置
xmin	横线对应的 x 轴的开始位置
xmax	横线对应的 x 轴的结束位置
linewidth	线的宽度
color	线的颜色

图 6-29 hlines 函数常用参数

代码输入

```python
# 绘制均值线
plt.vlines(
    x=data['月消费（元）'].mean(),
    ymin=yMin, ymax=yMax,
    linewidth=1, color=mainColor
)
plt.hlines(
    y=data['月流量（MB）'].mean(),
    xmin=xMin, xmax=xMax,
    linewidth=1, color=mainColor
)
```

执行代码，得到的图形如图 6-30 所示。

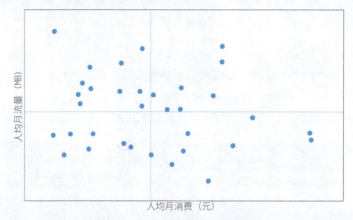

图 6-30　用户质量矩阵分析图 2

STEP 05　添加数据标签与象限编号。

在 matplotlib.pyplot 模块中，可以使用 text 函数添加数据标签与象限编号，text 函数的常用参数，如图 6-31 所示。

matplotlib.pyplot.text(x, y, text, color=None, fontsize=None, fontproperties=None)	
参数	说明
x	文字位置对应的 x 轴的位置
y	文字位置对应的 y 轴的位置
text	要标注的文字
color	文字的颜色
fontsize	文字的大小
fontproperties	字体属性，用于设置中文字体，解决无法显示中文问题

图 6-31　text 函数常用参数

第 6 章　数据可视化

text 函数一次只能标注一个文字，它和 scatter 函数不一样，不能一次性标注一个数据框的数据，例如需要标注四个象限的编号，需要执行四次 text 函数，代码如下所示：

代码输入

```python
# 标注四个象限的标记，在不同的分辨率下，需要微调一下位置
plt.text(
    xMax - 0.5, yMax - 5,
    'Ⅰ', color=fontColor, fontsize=50
)
plt.text(
    xMin, yMax - 5,
    'Ⅱ', color=fontColor, fontsize=50
)
plt.text(
    xMin, yMin,
    'Ⅲ', color=fontColor, fontsize=50
)
plt.text(
    xMax - 0.6, yMin,
    'Ⅳ', color=fontColor, fontsize=50
)
```

执行代码，得到添加象限编号的矩阵图，如图 6-32 所示。

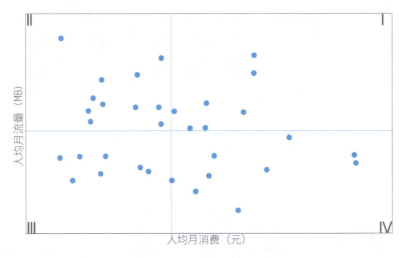

图 6-32　用户质量矩阵分析图 3

那么如何给所有的数据点都添加上它对应的省份标签呢？难道要根据它们 x 轴和 y 轴的坐标，一个个添加吗？

当然不需要，可以使用 for 循环语句，即可遍历数据框中的每一行，也就是每一

个省份，然后根据每一行的数据对应的 x 轴和 y 轴以及要省份标签的添加，即可完成所有点的标签添加，代码如下所示：

代码输入

```python
# 画标签，遍历数据的每一行，
# 然后根据列名获取到数据对应的 x 轴和 y 轴的位置以及要绘制的省份
for i, r in aggData.iterrows():
    # 为了让标签显示得更加美观，需要对标签的位置做一些微调，
    # 在 x 轴的位置，往右移动 0.25，在 y 轴的位置，往下移动 1
    plt.text(
        r['月消费（元）'] + 0.25,
        r['月流量（MB）'] - 1,
        r['省份'],
        color=fontColor,
        fontproperties=font
    )
```

执行代码，得到添加省份标签后的矩阵图，如图 6-33 所示。

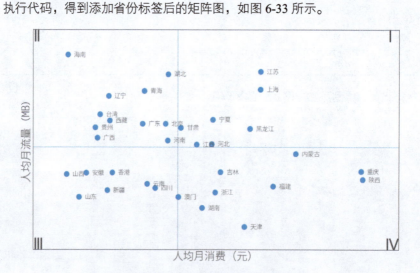

图 6-33　用户质量矩阵分析图 4

6.4　折线图

折线图，它是用直线段将各数据点连接起来而组成的图形，以折线方式显示数据的变化趋势，所以也称为趋势图，折线图主要用来展示数据随着时间推移的趋势或变化。

第 6 章 数据可视化

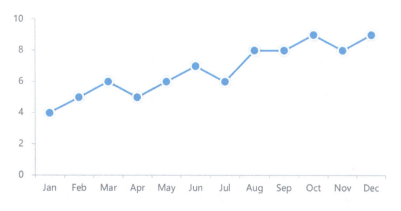

图 6-34 折线图示例

在 matplotlib.pyplot 模块中，可以使用 plot 函数绘制折线图，plot 函数的常用参数如图 6-35 所示。

matplotlib.pyplot.plot(x, y, c=None, lw=None, marker=None)	
参数	说明
x	x 轴对应的值
y	y 轴对应的值
c	线的颜色 Color
lw	线的粗细 LineWidth
marker	线的样式，一般设置为 -，实体线

图 6-35 plot 函数常用参数

其中，参数 marker，也就是线的样式，可设置样式及对应的参数值，如图 6-36 所示。

参数值	说明
-	连续的曲线
--	连续的虚线
-.	连续的带点的曲线
:	由点连成的曲线
.	小点，散点图
o	大点，散点图
,	像素点（更小的点）的散点图
*	五角星的点，散点图

图 6-36 plot 函数 marker 参数常用样式

下面通过一个案例学习如何使用 plot 函数绘制折线图。

211

在绘制折线图的时候，一般 x 轴为时间序列数据，当然可以使用字符型的时间标签，但是如果 x 轴的天数过多，那么 x 轴就会显得非常拥挤，这时候如果使用时间类型的数据，那么 matplotlib 会根据坐标轴上的刻度值进行简化，只在刻度值上显示部分的天数或者只显示月份。

所以，在绘制趋势折线图时，如果时间序列数据是字符型的时间格式数据，一般需要先将其转换为时间类型数据，代码如下所示：

代码输入

```
import pandas
data = pandas.read_csv(
    'D:/PDABook/ 第六章 /6.4 折线图 / 折线图 .csv',
    engine='python', encoding='utf8'
)
# 对日期格式进行转换
data['reg_date'] = pandas.to_datetime(
    data['reg_date']
)
```

执行代码，得到的数据如图 6-37 所示，这是一份注册用户的数据。第一列为用户 id，第二列为注册日期 reg_date，第三列为用户身份证号码 id_num，第四列为性别 gender，第五列为出生日期 birthday。

data - DataFrame

Index	id	reg_date	id_num	gender	birthday
0	109899	2011-02-01 00:00:00	35042519920219007J	男	1992/2/19
1	109903	2011-02-01 00:00:00	43048119891223411D	男	1989/12/23
2	109904	2011-02-01 00:00:00	42010219880201313H	男	1988/2/1
3	109905	2011-02-01 00:00:00	44030619840213001E	男	1984/2/13
4	109906	2011-02-01 00:00:00	43070219870502103H	男	1987/5/2
5	109907	2011-02-01 00:00:00	21010619840507182A	女	1984/5/7
6	109908	2011-02-01 00:00:00	23062319890914064C	女	1989/9/14
7	109909	2011-02-01 00:00:00	21010319870706183F	男	1987/7/6
8	109910	2011-02-01 00:00:00	61040219930620031J	男	1993/6/20

Format　Resize　☑ Background color　☑ Column min/max　OK　Cancel

图 6-37　折线图数据

这里需要使用折线图展示每天的注册用户数，我们按照注册日期进行分组，根据用户 ID 使用计数函数进行统计，即可得到每天注册的用户数，代码如下所示：

代码输入

```
# 按照注册日期列分组，按照 id 列进行计数统计
ga = data.groupby(
    by=['reg_date'], as_index=False
)['id'].agg('count')
# 对数据框的列重命名
ga.columns = [' 注册日期 ', ' 注册用户数 ']
```

第 6 章　数据可视化

然后使用注册日期为横轴，注册用户数为纵轴，绘制折线图，代码如下所示：

代码输入

```python
import matplotlib
from matplotlib import pyplot as plt

mainColor = (91 / 255, 155 / 255, 213 / 255, 1)

# 坐标轴刻度的字体
font = matplotlib.font_manager.FontProperties(
    fname='D:/PDABook/SourceHanSansCN-Light.otf', size=25
)
# 坐标轴标签的字体
labelFont = matplotlib.font_manager.FontProperties(
    fname='D:/PDABook/SourceHanSansCN-Light.otf', size=35
)
# 设置 y 轴显示的范围
plt.ylim(0, 500)
# 设置标题
plt.title('注册用户数', color=mainColor, fontproperties=labelFont)
# 设置 x 轴、y 轴的标签
plt.xlabel('注册日期', color=mainColor, fontproperties=labelFont)
plt.ylabel('注册用户数', color=mainColor, fontproperties=labelFont)

# 设置坐标轴的刻度样式
plt.xticks(color=mainColor, fontproperties=font)
plt.yticks(color=mainColor, fontproperties=font)

# 绘制折线图
plt.plot(ga['注册日期'], ga['注册用户数'], '-', color=mainColor)
```

其中，title 函数的作用，是设置图形的主标题，它的常用参数如图 6-38 所示。

matplotlib.pyplot.title(title, color=None, fontproperties=None)	
参数	说明
title	需要设置的标签
color	标签对应的颜色
fontproperties	字体属性，用于设置中文字体，解决无法显示中文问题

图 6-38　title 函数常用参数

执行代码，得到的折线图如图 6-39 所示。

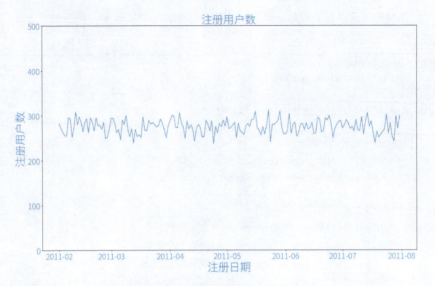

图 6-39 折线图 1

设置线条的粗细,可以通过 lw 参数进行,代码如下所示:

代码输入

```
# 使用 lw 参数设置折线图线的宽度
plt.plot(ga['注册日期'], ga['注册用户数'], '-', lw=8, color=mainColor)
```

执行代码,得到的折线图如图 6-40 所示。

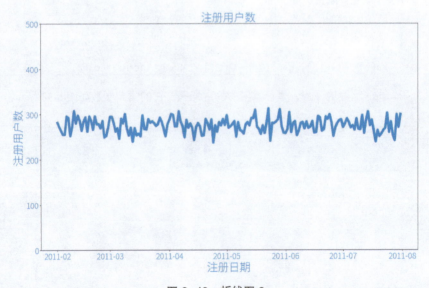

图 6-40 折线图 2

6.5 饼图

饼图，又称圆形图，广泛应用于各个领域，用于展现不同类别在整体中所占比重，如图 6-41 所示，它能够清晰、直观地反映个体与整体的比例关系，所以它经常和结构分析一起结合使用。

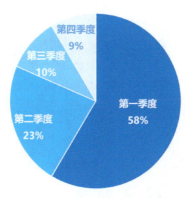

图 6-41 饼图示例

饼图通过扇形面积（弧度）的大小来表示各分类数据大小，整个圆饼代表数据的总量，所有扇形面积（弧度）的加和等于 100%，可以很好地帮助用户快速了解整体的构成情况。

在 matplotlib.pyplot 模块中，使用 pie 函数绘制饼图，pie 函数的常用参数如图 6-42 所示。

matplotlib.pyplot.pie(x, labels=None, colors=None, explode=False, autopct=None, textprops=None)	
参数	说明
x	饼块对应的值
labels	饼块对应的标签
colors	饼块对应的颜色
explode	饼块是否需要突出显示，默认为 False，不突出显示
autopct	标签百分比的显示格式，例如 %.2f%%，保留两位小数
textprops	文本属性，使用字典的方式设置，字体的属性为 fontproperties

图 6-42 pie 函数常用参数

在结构分析的案例中，已经计算出男女比例结果，如图 6-43 所示。

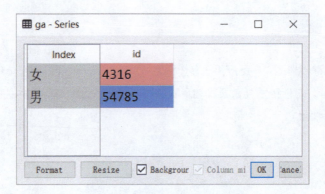

图 6-43 男女比例统计结果

下面在结构分析统计结果的基础上，使用 pie 函数绘制饼图展示这个结果，代码如下所示：

代码输入
```python
import matplotlib
import matplotlib.pyplot as plt

# 设置女性用户颜色
femaleColor = (91 / 255, 155 / 255, 213 / 255, 0.5)
# 设置男性用户颜色
maleColor = (91 / 255, 155 / 255, 213 / 255, 1)

font = matplotlib.font_manager.FontProperties(
    fname='D:/PDABook/SourceHanSansCN-Light.otf', size=35
)
# 设置为横轴和纵轴等长的饼图，即圆形的饼图，而非椭圆形的饼图
plt.axis('equal')
# 设置百分数的显示为保留一位小数，因为百分号 % 已经被用于占位符，
# 所以使用两个百分号 %% 来表示一个百分号 %
plt.pie(
    ga,
    labels=['女', '男'],
    colors=[femaleColor, maleColor],
    autopct='%.1f%%',
    textprops={'fontproperties': font}
)
```

执行代码，得到的饼图如图 6-44 所示。

第 6 章 数据可视化

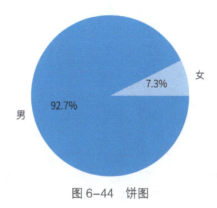

图 6-44 饼图

6.6 柱形图

柱形图，也叫柱状图，是一种以长方形的单位长度，根据数据大小绘制的统计图形，如图 6-45 所示。柱形图用来比较两个或两个以上的数据，可以是不同时间，也可以是不同类别，所以柱形图可以表示趋势，也可以表示不同项目之间的对比，如果横轴是数值区间，还可以表示数据分布。

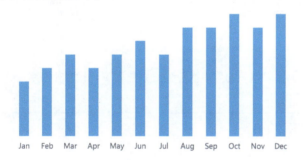

图 6-45 柱形图示例

在 matplotlib.pyplot 模块中，使用 bar 函数绘制柱形图，bar 函数的常用参数如图 6-46 所示。

matplotlib.pyplot.bar(x, y, width, color)	
参数	说明
x	x 轴对应的坐标值
y	y 轴对应的值
width	柱子的宽度
color	柱子的颜色

图 6-46 bar 函数常用参数

下面通过一个案例来学习如何使用 bar 函数绘制柱形图。首先将数据导入 data 变量，代码如下所示：

代码输入

```python
import pandas
data = pandas.read_csv(
    'D:/PDABook/第六章/6.6 柱形图/柱形图.csv',
    engine='python', encoding='utf8'
)
```

执行代码，得到的数据如图 6-47 所示，可以看到，第一列为号码，第二列为省份，第三列为手机品牌，第四列为通信品牌，第五列为手机操作系统，第六列为月消费（元），第七列为月流量（MB）。

图 6-47　用户月消费数据

先统计各手机品牌用户的月消费总额分别是多少，代码如下所示：

代码输入

```python
# 统计每个手机品牌的用户的消费总额
result = data.groupby(
    by=['手机品牌'], as_index=False
)['月消费（元）'].sum()
```

执行代码，得到的统计结果如图 6-48 所示。

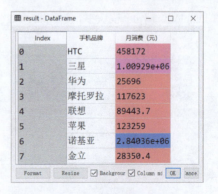

图 6-48　统计结果

第 6 章　数据可视化

使用 bar 函数，根据这份统计结果绘制柱形图，代码如下所示：

代码输入

```python
import matplotlib
from matplotlib import pyplot as plt
# 新建一个新的绘图窗口
plt.figure()
# 生成 x 轴的位置, 赋值给 index
index = [1, 2, 3, 4, 5, 6, 7, 8]
# 根据 x 轴的位置及 y 轴的高度, 绘制柱形图
plt.bar(index, result['月消费（元）'])
```

执行代码，即可得到默认样式的柱形图，如图 6-49 所示。

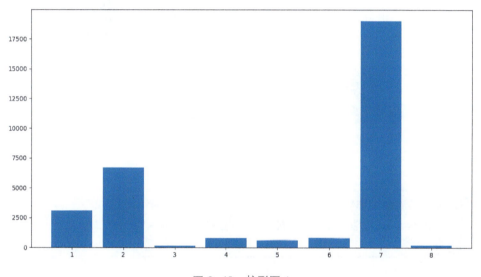

图 6-49　柱形图 1

可以看到，默认样式下的柱形图，没有类别标签，不知道哪个柱子代表哪个数据，很难进行数据的比较，继续对柱形图进行进一步优化。

STEP 01　设置主题颜色。

先对使用的颜色进行定义，通过 bar 函数的 color 参数，设置柱形图的柱子颜色，代码如下所示：

代码输入

```python
# 优化点 1, 配置颜色
# 新建一个新的绘图窗口
plt.figure()
# 配置颜色
mainColor = (91 / 255, 155 / 255, 213 / 255, 1)
```

```
plt.bar(
    index,
    result['月消费(元)'],
    color=mainColor
)
```

执行代码,得到的图形如图 6-50 所示,可以看到,已经把柱形图中柱子的颜色设置为指定的颜色。

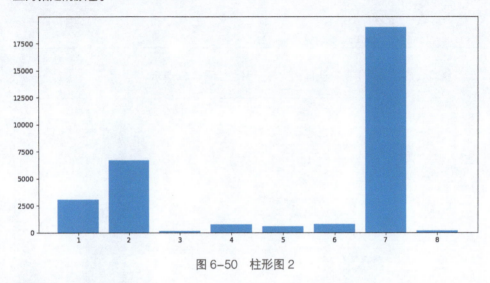

图 6-50 柱形图 2

STEP 02 设置坐标轴标签

使用 xticks 函数,将 x 轴标签设置为柱子对应的手机品牌名称,代码如下所示:

代码输入

```
# 优化点 2,配置 x 轴刻度
# 新建一个新的绘图窗口
plt.figure()

font = matplotlib.font_manager.FontProperties(
    fname='D:/PDABook/SourceHanSansCN-Light.otf', size=20
)
plt.bar(
    index,
    result['月消费(元)'],
    color=mainColor
)
# 配置 x 轴刻度
plt.xticks(index, result.手机品牌, fontproperties=font)
```

第 6 章 数据可视化

执行代码，得到的图形如图 6-51 所示。可以看到，柱形图 x 轴的标签就设置为手机品牌名称了。

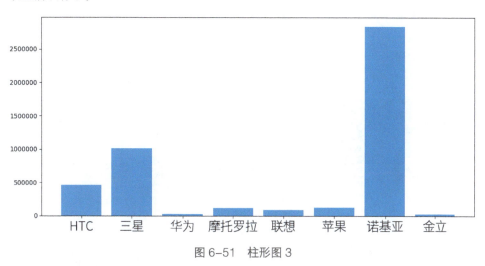

图 6-51　柱形图 3

STEP 03　数据排序。

如果横坐标轴没有时间顺序、数值分布顺序，那么就按指标数值的大小进行排序，以便数据规律更加清晰、直观，本例根据月消费的大小进行降序排序，然后再对排序之后的结果进行绘图，代码如下所示：

代码输入

```python
# 优化点，对数据排序后再绘图
# 新建一个绘图窗口
plt.figure()

sgb = result.sort_values(
    by='月消费（元）',
    ascending=False
)
plt.bar(
    index, sgb['月消费（元）'],
    color=mainColor
)
# 配置 x 轴刻度
plt.xticks(index, sgb.手机品牌, fontproperties=font)
```

执行代码，得到的图形如图 6-52 所示，可以看到，优化后的柱形图，可以更方便地进行每组数据之间的比较，也可以清晰、直观地找出月消费最多与最少的手机品牌。

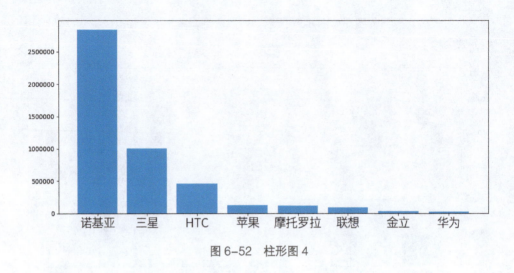

图 6-52　柱形图 4

6.7　条形图

条形图是用宽度相同的条形的长短来表示数据多少的图形，如图 6-53 所示。条形图其实就是横向的柱形图，所以除了条形图不能用于展现时间趋势外，其他能用柱形图的地方基本上也能用条形图进行展现。

图 6-53　条形图示例

在 Python 中绘制条形图与柱形图使用同样的原理和优化原则，把调用的函数从 bar 函数更换为 barh 函数即可，barh 函数的常用参数如图 6-54 所示。

第 6 章 数据可视化

matplotlib.pyplot.barh(y, x, width, color)	
参数	说明
y	y 轴对应的值
x	x 轴对应的值
width	横条的宽度
color	横条的颜色

图 6-54　barh 函数常用参数

本例继续在柱形图案例数据的基础上，使用 barh 函数绘制条形图，代码如下所示：

代码输入

```python
import matplotlib
from matplotlib import pyplot as plt

# 生成 y 轴的位置，赋值给 index
index = [1, 2, 3, 4, 5, 6, 7, 8]

# 配置颜色
mainColor = (91 / 255, 155 / 255, 213 / 255, 1)

font = matplotlib.font_manager.FontProperties(
    fname='D:/PDABook/SourceHanSansCN-Light.otf', size=20
)
# 对数据进行排序后再绘图
sgb = result.sort_values(
    by='月消费（元）',
    ascending=True
)
plt.barh(
    index, sgb['月消费（元）'],
    color=mainColor
)
# 配置 y 轴刻度
plt.yticks(index, sgb.手机品牌, fontproperties=font)
```

执行代码，得到的条形图如图 6-55 所示。

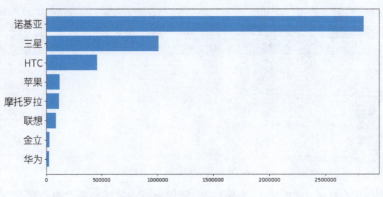

图 6-55 条形图